Gleichstromschaltungen

Ismail Kasikci

Gleichstromschaltungen

Analyse und Berechnung mit vielen Beispielen

6. Auflage

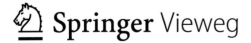

Ismail Kasikci
Gebäudeklimatik und Energiesysteme
Hochschule Biberach
Biberach, Deutschland

ISBN 978-3-662-70036-5   ISBN 978-3-662-70037-2   (eBook)
https://doi.org/10.1007/978-3-662-70037-2

Die Deutsche Nationalbibliothek verzeichnet diese Publikation in der Deutschen Nationalbiblio-
grafie; detaillierte bibliografische Daten sind im Internet über https://portal.dnb.de abrufbar.

Springer Vieweg ist ein Imprint der eingetragenen Gesellschaft Springer-Verlag GmbH, DE und
ist ein Teil von Springer Nature.
Die Anschrift der Gesellschaft ist: Heidelberger Platz 3, 14197 Berlin, Germany

Vorwort zur sechsten Auflage

Eine wichtige Teilaufgabe des Faches „Grundlagen der Elektrotechnik" ist es, die Berechnung elektrischer Stromkreise zu lehren. In diesem Buch werden daher eingehend losgelöst von den physikalischen Grundlagen der elektrischen Strömung der Felder- die Behandlungsmethoden einer Netzwerkanalyse dargestellt in vielen Beispielen geübt.

Dabei wird die Eignung der verschiedenen Verfahren für die vorkommenden Aufgaben kritisch untersucht. Auch sollen Zusammenhänge und gemeinsame Betrachtungsweisen besonders herausgestellt werden, um so Übersicht und Anwendung zu erleichtern. Die Behandlung von Analogien, Dualität und Äquivalanz kann hierbei eine gute Hilfe sein. Es soll hier also kein Versuch unternommen werden, eingeführte Lehrbücher zu ersetzen. Vielmehr sollen wichtige Ergänzungen und viel Übungsstoff im Sinne eines aktiven Lernens durch Üben geliefert werden.

Am Gleichstrom werden die Grundbegriffe erläutert und die Berechnungsverfahren erklärt. Mit Ohmischem gesetz und Kirschhoffschen Sätzen lassen sich grundsätzlich alle Netzwerkaufgabe lösen. In vielen Linearen Schaltungen sind jedoch Netzumformung, Überlagerungsverfahren, Schnittmethode oder Ersatzquellen vorteilhafter einzusetzen.

Für Nichtlineare Schaltungen wird mit Kennlinienfeldern gearbeitet. Schliesslich wird auch die allgemeine Netzwerkanalyse mit Maschenstrom- und Knotenpunkt-Potential-Verfahren in Matrizenschreibweise behandelt.

In den Themen sind viele Beispiele mit ausführlicher Erklärung und Lösungswege aufgezeigt. Für weitere Übungsaufgaben werden die Lösungen im Anhang mitgeteilt. Auf Beweise und Ableitungen wird nur eingegangen, wenn diese ein tieferes Verständnis und Hinweise zur Anwendung der dargestellten Verfahren vermitteln. Auf diese Weise sollen die Größenordnungen der betrachteten

V

Begriffe verdeutlicht und es soll das Verständnis der physikalischen Zusammenhänge gefördert werden. Der Anfänger hat mit der Elektrotechnik zuerst meist große Schwierigkeiten; er muss daher die Anwendung der elektrotechnischen Grundgesetze in vielen Beispielen üben und Laborübungen vertiefen.

Die Normen werden beachtet, soweit sie einander nicht widersprechen. Für konstante Größen und die Beträge der Wechselstromgrößen werden große Buchstaben (z. B. U, I, P, S) für zeitabhängige Größen dagegen Kleinbuchstaben (z. B. u, i) oder der Index t (z. B. in W_t) verwendet. Es wird überall das **Verbraucher-Zählpfeil-System** benutzt und nur mit Größengleichungen und den gesetzlichen SI-Einheiten gearbeitet.

Die fünfte Auflage von Herrn Prof. Dr. P. Vaske wurde überarbeitet und didaktisch verbessert. Gegenüber der vorangegangenen Auflagen wurden Verfahren zu Umwandlung idealer Quellen und Hinweise zur zweckmässigen Einsatz von Taschenrechnern bei der Berechnung von Netzwerken ergänzt. Im umfangreichen Literaturverzeichnis am Ende des Buches finden sich Empfehlungen für weiterführende Fachliteratur.

Dank gebührt dem Springer Verlag und insbesondere Herrn Kottusch und Frau Lara Turck für die Unterstützung bei der Veröffentlichung des Buches.

Beim Verfassen eines Buches lassen sich an der einen oder anderen Stelle Schreibfehler nicht vermeiden, wofür ich Sie um Nachsicht bitte.

Bei Fragen, Wünschen und Anregungen wenden Sie sich bitte gern an mich.

Weinheim   Ismail Kasikci
Im Sommer 2024

Was ist Elektrotechnik?

Elektrotechnik ist die Wissenschaft von der technischen Anwendung der Elektrizität, die wiederum alle Erscheinungen der elektrischen und magnetischen Grundgrößen beinhalten, die von elektrischen Ladungen und Strömen und damit verbundenen Feldern hervorgerufen werden. Die Wirkungen der Elektrizität sind nicht sichtbar, aber sehr gefährlich. Die Wirtschaft und das Leben ist heute ohne Elektrotechnik nicht denkbar.

Die Entwicklung, der kontinuierliche Fortschritt und die Innovationen in der Elektrotechnik geht weiter. Die Grundlagen dieses Faches, die wir in in drei Bändern erklärt und beschrieben haben, ist ein wichtiger Beitrag zu diesem Thema.

Die Grundlagen der Elektrotechnik sind in vielen Büchern theoretisch und praktisch behandelt. Für tieferes Verständnis sind im Literaturverzeichnis weitere Quellen aufgeführt.

Zu diesem Buch

Dieses Buch behandelt den ersten Teil des Faches „Gleichstromtechnik" der allgemeinen Elektrotechnik. Es setzt sich mathematische Grundkenntnisse und die Grundlagen der linearen Gleichungssysteme vorraus.

Dieses Buch ist zum Selbststudium mit vielen Beispielen und Übungsaufgaben sehr gut geeignet, und wendet sich an die Studenten der Hochschulen und Universitäten sowie an Interessenten, die ihre Kenntnisse über die Berechnung von Gleichstromschaltungen erweitern wollen. Es behandelt die heute wichtigsten Berechnungsverfahren, die zur Analyse von Schaltungen angewandt werden.

Naturkonstanten in der Elektrotechnik

Naturkonstanten in der Elektrotechnik beziehen sich auf allgemeine Eigenschaften von Raum, Zeit und physikalischen Vorgängen und nicht aus physikalischen Theorien und/oder anderen Konstanten abgeleitet werden können [1].

c_0 $\approx 299\ 792\ 458$ m/s Lichtgeschwindigkeit im leeren Raum

μ_0 $= 4\pi \cdot 10^{-7}$ H/m $\approx 1,25663706212$ μH/m magnetische Feldkonstante

e_0 $= 1/(\mu_0\, c_0^2) \approx 8,8541878128 \cdot 10^{-12}$ As/(Vm) elektrische Feldkonstante

e $= 1,602176634 \cdot 10^{-19}$ C (exakt) Elementarladung

F $= 96.485,33212$ Cmol^{-1} (exakt) Faraday-Konstante

m_e $\approx 9,1093837015(28) \cdot 10^{-31}$ kg Ruhemasse des Elektrons

m_p $\approx 1,67262192369(51) \cdot 10^{-27}$ kg Ruhemasse des Protons

G $\approx 6,67430(15) \cdot 10^{-11}$ m^3/(kgs^2) Gravitationskonstante

N_A $= 6,02214076 \cdot 10^{23}$ mol^{-1} (exakt) Avogadro-Konstante, Loschmidt-Zahl

h $= 6,62607015 \cdot 10^{-34}$ Js (exakt) Plancksches Wirkungsquantum

k $= 1,380649 \cdot 10^{-23}$ J/K (exakt) Boltzmann-Konstante

Dezimale Vielfache und Umrechnungsformeln

Faktor	Präfix	Symbol	Faktor	Präfix	Symbol
10^{18}	Exa	E	10^{-1}	dezi	d
10^{15}	Peta	P	10^{-2}	centi	c
10^{12}	Tera	T	10^{-3}	milli	m
10^{9}	Giga	G	10^{-6}	mikro	μ
10^{6}	Mega	M	10^{-9}	nano	n
10^{3}	kilo	k	10^{-12}	piko	p
10^{2}	hekto	h	10^{-15}	femto	f
10^{1}	deka	da	10^{-18}	atto	a

Formelzeichen

Die Gleichstromgrößen sind durch große Buchstaben (U, I) und zeitabhängige Größen durch kleine Buchstaben (u, i) oder durch den Index t (z. B. bei S_t) gekennzeichnet.

Die Formelzeichen für Vektoren haben einen Pfeil z. B. $\vec{B}$, $\vec{E}$. Die Zeichen ', ", ' " bezeichnen geänderte Werte (U') oder Teilwerte (I', I"). Fortlaufende Zahlen als Indizes dienen im Allgemeinen der Unterscheidung bzw. Numerierung R_1, R_2, R_3 usw.

Die zunächst zusammengestellte Indizes kennzeichnen im Allgemeinen unmissverständlich die angegeben Zuordnung. Die mit diesen Indizes versehenen Formelzeichen werden daher nur für Ausnahmen in der folgenden Formelzeichenliste aufgeführt. Auch sind die nur auf wenigen zusammenhängenden Seiten benutzten Formelzeichen hier nicht angegeben.

Formelzeichen

A	Querschnitt
a	Koeffizient
b	Konstante
D	Determinante
d	Durchmesser
E	elektrische Feldstärke
F	Fehler
G	elektrischer Leitwert
G_{iE}	Ersatz-Innenleitwert
I	elektrischer Strom
I_0	Leerlaufstrom
I_k	Kurzschlussstrom
K	Stromkosten
k	Strompreis
k	Anzahl der Knotenpunkte
ll	Länge
m	Masse

k	Anzahl der Knotenpunkte
N	Windungszahl
n	Anzahl
Q	Ladung
P	Leistung
P_k	Kurzschlussleistung
P_v	Verlustleistung
P_1	Leistungsaufnahme
P_2	Leistungsabgabe
R	elektrischer Widerstand
R_{iE}	Ersatz-Innenwiderstand
R_Y	Sternschaltung-Widerstand
r	Reflexionsfaktor
S	Stromdichte
t	Zeit
U	Spannung
U_T	Ersatz-Quellenspannung
U_{qE}	Trenstellenspannung
W	Arbeit, Energie
z	Anzahl der Zweige
α	Temperaturkoeffizient
κ	elektrische Leitfähigkeit
γ	elektrische Leitfähigkeit (alternativ)
ε	Ausnutzungsgrad
η	Wirkungsgrad
ρ	spezifischer elektrischer Widerstand
β	Temperaturkoeffizient
θ	Leitertemperatur
η	Temperaturbeiwert
τ	Temperaturbeiwert
$\Delta\vartheta$	Temperaturerhöhung

Indizes

a, b, c, d	Knotenpunkt-kennzeichnung
a	Ausgang
B	Batterie
e	Eingang
G	Generator
I	Strom
i	innen
k	Kaltwert
l	Leerlauf
m	Scheitelwert
max	Größtwert
min	Kleinstwert
N	Nennwert
p	Parallelschaltung
q	Quelle
r	Reihenschaltung
s	Summe
t	Zeitwert
V	Spannungsmesser
u	Spannung
w	Warmwert
x	gesuchte Größe
I	Strom
n	ganze Zahlen
p	Parameter

Inhaltsverzeichnis

Abbildungsverzeichnis

Tabellenverzeichnis

Grundgesetze der elektrischen Strömung 1

Es wird vorausgesetzt, dass die physikalischen Grundlagen der elektrischen Strömung bekannt sind oder in einem getrennten Fach (z. B. Elektrizitätslehre) ausführlich behandelt werden. Wir wollen hier nur noch einige Grundbegriffe zusammenhängend herausstellen, um so gleiche Vorbedingungen für die rechnerische Behandlung elektrischer Stromkreise zu schaffen.

1.1 Strom und Spannung

1.1.1 Wesen des Stroms

Wir sprechen von elektrischer Strömung, wenn **elektrische Ladung** Q befördert wird. In linienhaften metallischen elektrischen Leitern sind die Träger der Ladung die **Elektronen** mit der negativen elektrischen **Elementarladung** $e = -0,160 \cdot 10^{-10}$ C (C= Coulomb). Im Kristallgitter nicht gebundene „freie Elektronen" bewegen sich unter normalen Bedingungen willkürlich durch den Atomverband. Bevorzugen sie insgesamt eine Richtung, so fließt ein **Elektronenstrom.** Im Halbleiter kennen wir auch noch einen **Löcherstrom,** der durch das Wandern positiver Ladung gekennzeichnet ist. Die Richtung dieses Löcherstroms wird als Richtung des technischen Stroms angegeben.

Wenn wir von dem Ladevorgang einer Kapazität absehen, kann elektrischer Strom I nur in einem geschlossenen Stromkreis fließen. Wir können ihn daher leicht durch einen **Schalter,** der den Stromkreis öffnet, unterbrechen. Außerdem muss der durch elektrische Leiter (i. allg. Metalle, wie Kupfer und Aluminium) gebildete Stromkreis durch Nichtleiter bzw. Isolation (z. B. Luft, Porzellan, Kunststoffe)

© Der/die Herausgeber bzw. der/die Autor(en), exklusiv lizenziert an Springer-Verlag GmbH, DE, ein Teil von Springer Nature 2025
I. Kasikci, *Gleichstromschaltungen*,
https://doi.org/10.1007/978-3-662-70037-2_1

so abgeschlossen werden, dass der Strom nur einem vorgeschriebenen Weg folgen kann.

Die Intensität der elektrischen Strömung wird als **Strom** bezeichnet.

$$I = Q/t \qquad (1.1)$$

Er ist durch die in der Zeit t durch einen Leiterquerschnitt bewegte Ladung Q festgelegt, wenn ein konstanter Strömungsvorgang vorausgesetzt wird. Für zeitabhängige Ströme gilt entsprechend

$$i = d\, Q_t/dt \qquad (1.2)$$

Sie werden also durch den Differentialquotienten der Ladung Q_t nach der Zeit t bestimmt. Außerdem arbeitet man noch gern mit dem auf den Leiterquerschnitt A bezogenen Strom, den man als **Stromdichte**

$$S = I/A \qquad (1.3)$$

bezeichnet.

In SI-Einheiten wird der Strom mit der Einheit **Ampere** (Symbol A) als Basiseinheit gewählt. Entsprechend hat die Stromdichte die Einheit A/cm^2 und die Ladung As = C. Bei den hier benutzten Einheiten werden noch die in Tab. 1.1 zusammengestellten Vorsätze für die Bezeichnungen von dezimalen Vielfachen und Teilen benutzt.

In Abb. 1.1 sind die wichtigsten Stromarten dargestellt. Der **Gleichstrom** I hat unabhängig von der Zeit t konstante Größe und Richtung (Abb. 1.1a). Der sinusförmige

Wechselstrom i ändert Größe und Richtung sinusförmig (Abb. 1.1b); die Elektronen bewegen sich also hin und her. Der **Mischstrom** i kann als Überlagerung von Gleich- und Wechselstrom aufgefasst werden (Abb. 1.1c). Nichtsinusförmiger

Tab. 1.1 Vorsätze zur Bezeichnung der Zehnerpotenzen von Einheiten

Es steht	Für	Es steht	Für	Es steht	Für
T (Tera-)	10^{12}	h(Hekto-)	10^2	m (Milli-)	10^{-3}
G (Giga-)	10^9	da(Deka-)	10	μ (Mikro-)	10^{-6}
M (Mega-)	10^6	d(Dezi-)	10^{-1}	n (Nano-)	10^{-9}
k (Kilo-)	10^3	c(Zenti-)	10^{-2}	p (Pico-)	10^{-12}

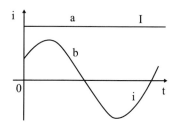
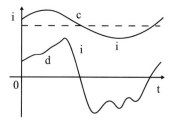

Abb. 1.1 Stromarten. a) Gleichstrom, b) sinusförmiger Wechselstrom, c) Mischstrom, d) nichtsinusförmiger Wechselstrom. i Strom, t Zeit

Wechselstrom i weist immer noch Periodizität, aber den linearen Mittelwert $\bar{i} = 0$ (Abb. 1.1d).

1.1.2 Elektrische Spannung

Um freie Elektronen aus ihrer wirrer Bewegung heraus in eine gewünschte Richtung wandern zu lassen, muss eine Kraft, die **elektrische Feldstärke E**, auf sie einwirken. Sie ist allgemein betrachtet eine gerichtete Größe, also ein Vektor (Kennzeichen → über dem Formelzeichen), und tritt im elektrischen Feld auf oder kann im magnetischen Feld erzeugt werden.

Integrieren wir nun diese elektrische Feldstärke E_x, die vom Ort x abhängig sein kann, über den Weg s, also zwischen den beiden Punkten 1 und 2, so erhalten wir nach [2, 5–7, 10], die zwischen. diesen Punkten wirksame **elektrische Spannung**

$$U_{12} = \int_1^2 \vec{E} \, d\,\vec{s} = W_{12}/Q = \varphi_1 - \varphi_2 \qquad (1.4)$$

Sie stellt gleichzeitig die auf die Ladung Q bezogene Arbeit W_{12} dar, die nötig ist, um die Ladung Q zwischen den Punkten 1 und 2 zu befördern. Sie kann aber auch als Differenz der beiden Potentiale φ_1 und φ_2 der beiden Punkte 1 und 2 definiert werden.

Die hier zu behandelnden geschlossenen Stromkreise bestehen nach Abb. 1.2 im einfachsten Fall aus einem Spannungserzeuger G und einem Verbraucher V, die durch zwei Leitungen miteinander verbunden sind. Das Symbol für den Generator G soll andeutet, dass hier ein idealer Spannungserzeuger vorliegt, der nur die Spannung U erzeugt. Die Klemme, an der der „technische" Strom (also der Löcherstrom) aus

Abb. 1.2 Einfacher
Stromkreis mit
Spannungserzeuger G und
Verbraucher V sowie
Spannung U und Strom I

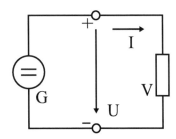

der Quelle herausfließt, wird mit „+" bezeichnet und die andere entsprechend mit
„−". Einer positiven Spannung geben wir nun stets die Richtung von „+" nach „−"
und kennzeichnen dies durch einen Pfeil.

Die in einer Spannungsquelle erzeugte Spannung nennen wir **Quellenspannung**
U_q; sie muss nicht mit der an den Klemmen herrschenden **Klemmenspannung** U
identisch sein, da in einem nicht idealen Generator noch andere innere Spannungen
auftreten können.

Die Einheit von Energie bzw. Arbeit ist $Ws = Nm = kgm^2/s^2$, die Einheit der
Ladung As. Daher gilt für die Spannung nach Gl. 1.4 die Einheit Volt (Symbol V)
mit $V = Ws/As = kgm^2/(As^3)$.

1.2 Ohmsches Gesetz

1.2.1 Allgemeines Ohmsches Gesetz

Ganz allgemein arbeitet die Natur mit dem Kausalitätsprinzip: Die **Wirkung** wird
durch die **Ursache** bestimmt. Im elektrischen Stromkreis verursacht die Spannung
u den Strom i. Es gilt also

$$i = G\,u \tag{1.5}$$

wobei der Proportionalitätsfaktor G später (s. Abschn. 1.3) noch eingehend abzu-
handeln ist. Hiermit haben wir schon das Ohmsche Gesetz gefunden, das allerdings
meist nicht in dieser Form angegeben wird. Wenn wir jedoch mit Tab. 1.2 analoge
Zusammenhänge betrachten, werden wir erkennen, dass dies die natürliche Form des
ohmschen Gesetzes darstellt, die auch unsere Merkfähigkeit am wenigsten belastet.

In Tab. 1.2 unterscheiden wir differentielle, gerichtete Größen, die meist orts-
abhängig sind und somit Vektoreigenschaften aufweisen, und integrale Größen,
die analog zu Gl. 1.4 für bestimmte Feldbereiche gelten. Die Elektrophysik lehr
uns, dass Stromdichte S nach Gl. 1.3 und Verschiebungsdichte ϑ von der elektri-

Tab. 1.2 Analoge Grundgleichungen

	Differentielle Größen	Integrale Größen
Elektrisches Strömungsfeld	$\vec{S} = \gamma \vec{E}$ oder $\vec{J} = \kappa \vec{E}$	$i = G\,u$
Elektrostatisches Feld	$\vec{\vartheta} = \epsilon \vec{E}$ oder $\vec{D} = \epsilon \vec{E}$	$\Psi = C\,U$
Magnetisches Feld	$\vec{B} = \mu \vec{H}$	$\Phi = \Lambda\,\Theta$

schen Feldstärke E abhängen und die magnetische Flussdichte B analog von der magnetischen Feldstärke H. Hierbei treten elektrische Leitfähigkeit γ, Dielektrizitätskonstante ϵ und Permeabilität μ als Proportionalitätsfaktoren auf. Analog ändert sich im Stromkreis der Strom i mit der Spannung u, im elektrostatischen Feld der Verschiebungsfluss ψ mit der Spannung U und im magnetischen Feld der magnetische Fluss Φ mit der Durchflutung Θ, wobei Leitwert G bzw. Kapazität C oder magnetischer Leitwert Λ als Faktoren auftreten.

Tab. 1.2 kann durch die nebeneinander gestellten analogen Größen helfen, die allgemein für Felder geltenden Zusammenhänge zu behalten. Die angegebenen Gleichungen verbinden in gleicher Weise Wirkung (S, ϑ, B, i, ψ, Φ), Ursache (E, H, u, Θ) und Werkstoff- bzw. Kreiseigenschaften (γ, ϵ, μ, G, C, Λ). Man braucht sich daher nur einmal den einleuchtenden Kausalzusammenhang zu merken, muss allerdings wissen, welche physikalischen Größen sich analog verhalten.

1.2.2 Linearität

Die Größen γ, ϵ, μ, G, C und Λ werden durch den Werkstoff, der im zu betrachtenden Punkt oder Bereich vorliegt, (und u. U. durch die Abmessungen des Bereichs) festgelegt. Sind sie konstant, so besteht ein linearer Zusammenhang zwischen Wirkung und Ursache (Kurve a in Abb. 1.3). Dies wird für die meisten Betrachtungen vorausgesetzt. Wir sprechen dann von linearen Netzwerken, für die viele Betrachtungen einfacher sind. Ihr Verhalten wird durch lineare Gleichungen beschrieben.

Sind dagegen die Werkstoffeigenschaften von der erzielten Wirkung, also z. B. vom Strom, abhängig, so entsteht ein nichtlinearer Zusammenhang (z. B. Kurven b in Abb. 1.3). Dies tritt insbesondere in Stromkreisen und magnetischen Kreisen auf. Für solche Kreise müssen besondere Behandlungsverfahren angewandt werden (s. Abschn. 2.1.2).

Die Werkstoffeigenschaften können außerdem noch von anderen Einflussgrößen, z. B. Temperatur, mechanische Spannung, Luftfeuchtigkeit, Lichteinfall usw.

Abb. 1.3 Lineare (a) und
nichtlineare (b)
Stromkennlinie i = f(u)

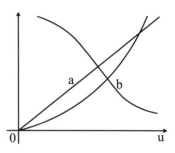

abhängen. In den folgenden Untersuchungen werden diese Parameter jedoch als
konstant bleibend angesehen, ihr Einfluss wird also vernachlässigt. Für weitere
Einzelheiten s. [1, 4–7, 10].

1.2.3   Normalform des Ohmschen Gesetzes

Üblicherweise kennen wir das Ohmsche Gesetz nicht in der in Tab. 1.2 angegebenen Form, sondern schreiben bei Ersatz das elektrischen Leitwerts G durch den
elektrischen Widerstand R = 1/G mit der Spannung u für den Strom

$$i = u/R \qquad (1.6)$$

Es gilt also auch für die Zeitwerte i und u. Für den zunächst hier nur zu behandelnden
Gleichstrom ist daher

$$I = U/R \qquad (1.7)$$

1.3   Elektrischer Widerstand

Das Ohmsche Gesetz klärt den Begriff elektrischer **Leitwert** G bzw. die zugehörige
reziproke Größe **Widerstand** R = 1/G. Gl. 1.7 liefert auch sofort die Einheit des
elektrischen Widerstandes Ohm (Symbol Ω) über Ω = V/A bzw. des elektrischen
Leitwerts Siemens (Symbol S) über S = A/V.

Beispiel 1   Ein Widerstand führ bei der Spannung $U_1 = 20\,V$ den Strom $I_1 = 0,1\,A$
und bei $U_2 = 100\,V$ den Strom $I_2 = 2,0\,A$. Liegt hier ein linearer oder ein
nichtlinearer Widerstand vor?

Mit U_1 und U_2 erhält man durch Umstellung von Gl. 1.7 den Widerstandswert

$$R_1 = U_1/I_1 = 20\ V/0,1\ A = 200\ \Omega$$

dagegen mit U_2 und I_2

$$R_2 = U_2/I_2 = 100\ V/2,0\ A = 50\ \Omega$$

Es handelt sich hier also um ein nichtlineares Schaltglied, dessen Widerstandswert R mit steigender Spannung U abnimmt.

1.3.1 Leitfähigkeit

Wenn die Elektronen durch den Leiter wandern, stoßen sie mit anderen Elektronen zusammen und geben dabei einen Teil ihrer Bewegungsenergie ab, die in Wärme überführt wird. Die elektrische Strömung wird hierdurch gehemmt, was man als Wesen des elektrischen Widerstandes bezeichnen kann. Insgesamt werden sich die Ladungsträger so bewegen, dass Gleichgewicht zwischen den treibenden elektrischen Feldkräften und der abgegebenen Bewegungsenergie bestehen bleibt.

Der elektrische Widerstand muss daher mit der Länge l des linienhaften Leiters steigen und mit seinem Querschnitt A abnehmen. Außerdem muss er von einem Werkstoff-Kennwert abhängen, den wir hier als Leitfähigkeit γ bezeichnen. Für einen linienhaften Leiter erhält man daher den **Widerstand**

$$R = \frac{l}{\gamma\,A} \tag{1.8}$$

Die Leitfähigkeiten wichtiger Leitwerkstoffe sind in Tab. 1.3 zusammengestellt. Auf die Angabe des reziproken spezifischen Widerstandes $\rho = 1/\gamma$ wird hier bewusst verzichtet, da man sich die Zahlenwerte der Leitfähigkeit γ besser merken kann und ihre Anwendung meist Fehler in der Dezimalstelle verhindert.

Silber mit der besten Leitfähigkeit wird nur für Kontakte u.ä. eingesetzt. Der normale Leitwerkstoff ist Kupfer, für Freileitungen und in elektrischen Maschinen auch Aluminium. Wolfram wird z. B. auch für Kontakte und in Glühbirnen benutzt, Manganin und Konstanten für Widerstände in der Messtechnik und Chromnickel in Heizwiderständen.

Tab. 1.3 Leitfähigkeit γ und Temperaturwerte τ, α_{20} und β_{20} von Metallen

Werkstoff	γ in m/Ω mm^2	α_{20} in kK^{-1}	β_{20} in kK^{-2}	τ in K
Silber	62,5	3,8	0,7	243
Kupfer	56	3,93	0,6	235
Aluminium	35	3,77	1,33	245
Wolfram	18	4,1	1	225
Manganin	2,3	0,04	–	–
Konstantan	2,0	−0,0035	–	–
Chromnickel	0,91	0,2	–	–

1.3.2 Temperatureinfluss

In Metallen steigt bei wachsender Temperatur wegen der stärkeren Atombewegungen die statistische Wahrscheinlichkeit, dass Elektronen zusammenstoßen; daher muss auch der Widerstand R zunehmen. In den Halbleitern werden demgegenüber mit wachsender Temperatur insbesondere weitere Elektronen veranlasst, ihren Atomverband zu verlassen; die Leitfähigkeit nimmt also zu bzw. der Widerstand R sinkt.

Der so physikalisch begründete Temperatureinfluss lässt sich mit den Temperaturbeiwerten α und β erfassen. Wenn die Temperatur von ϑ_1 auf ϑ_2 gebracht wird, geht der Widerstand R_1 auf den Wert

$$R_2 = R_1 \left[1 + \alpha(\vartheta_1 - \vartheta_2) + \beta(\vartheta_2 - \vartheta_1)^2 \right] \tag{1.9}$$

Die Temperaturbeiwerte werden meist auf die Temperatur $\vartheta_1 = 20\,°C$ bezogen und dann mit α_{20} und β_{20} bezeichnet (s. Tab. 1.3). Man erkennt, dass man bei nicht zu großen Temperaturänderungen (also z. B. $\vartheta_2 - \vartheta_1 = 200\,K$)) das quadratische Glied in Gl. 1.9 vernachlässigen darf. Mit dem für $20\,°C$ bestimmten Widerstand R_{20} gilt dann für den Widerstand bei der Temperatur ϑ allgemein

$$R = R_{20} \left[1 + \alpha_{20}(\vartheta - 20\,°C) \right] \tag{1.10}$$

Die Temperaturabhängigkeit von Widerständen kann man gut für Temperaturmessungen ausnutzen. Wenn man Warmtemperatur ϑ_w, Kalttemperatur ϑ_k, Warmwiderstand R_w und Kaltwiderstand R_k einführt, erhält man nämlich

$$\frac{R_w}{R_k} = \frac{R_{20}\,[1 + \alpha_{20}(\vartheta_w - 20\,°C)]}{R_{20}\,[1 + \alpha_{20}(\vartheta_k - 20\,°C)]} = \frac{\tau + \vartheta_w}{\tau + \vartheta_k} \qquad (1.11)$$

wobei noch der Temperaturbeiwert

$$\tau = (1/\alpha_{20}) - 20\,°C \qquad (1.12)$$

eingeführt wird; er ist ebenfalls in Tab. 1.3 angegeben. Hiermit erhält man nach einer Umrechnung die Übertemperatur

$$\vartheta_{ü} = \vartheta_w - \vartheta_k = \frac{R_w - R_k}{R_k}(\tau + \vartheta_k) \qquad (1.13)$$

Tab. 1.3 zeigt auch, dass Maganin und Konstantan kaum temperaturabhängig sind, sich also besonders gut für Messwiderstände eignen. Konstantan weist sogar einen negativen Temperaturbeiwert α_{20} auf, so dass hiermit die Temperaturfehler von Kupferspulen kompensiert werden können.

Eisen und bestimmte Metalloxide zeigen einen stark von der Temperatur abhängigen Temperaturbeiwert. Hierbei nennt man Stoffe, die in kaltem Zustand besser leiten, **Kaltleiter,** und Stoffe, die in heißem Zustand besser leiten, **Heißleiter.** Dies sind also im Allgemeinen keine linearen Schaltungsglieder mehr. Außerdem verschwindet der Widerstand von verschiedenen Stoffen in der Nähe des absoluten Temperatur-Nullpunkts sprungartig fast völlig, was man als **Supraleitung** bezeichnet. Nähere Einzelheiten hierzu und zu den übrigen Abhängigkeiten elektrischer Widerstände findet man in [1, 4–7, 10, 12].

Beispiel 2   Für eine Wicklung mit N = 800 Windungen stehet der Wicklungsquerschnitt A_W = 20 mm × 50 mm mit der mittleren Windungslänge $l_m = 0,2\,m$ Verfügung. Welcher Drahtdurchmesser d_o kann man untergebracht werden, und wie groß ist der Widerstand der Kupferwicklung bei der Temperatur ϑ_w = 90 °C?

Jede Wicklung dürfte, wenn man voraussetzt, dass alle Drähte nebeneinander liegen, den quadratischen Querschnitt

$$A_q = \frac{A_W}{N} = \frac{20\,mm \cdot 50\,mm}{800} = 1,25\,mm^2$$

ausfüllen, also bei einem runden Draht höchstens den Durchmesser (einschließlich Isolation)

$$d_{is} = \sqrt{A_q} = \sqrt{1,25\,mm^2} = 1,12\,mm$$

annehmen. Hiervon werden bei einem Doppellackdraht 0,065 mm für die Isolation benötigt, so dass der genormte Drahtdurchmesser $d_o = 1,05\ mm$ mit dem Querschnitt A = 0,862 mm^2 eingesetzt werden kann.

Nach Tab. 1.3 rechnen wir mit der Leitfähigkeit $\gamma = 56\ m/(\Omega\ mm^2)$ und dem Temperaturbeiwert $\alpha_{20} = 3,93\ kK^{-1}$. Mit Gl. 1.8 und 1.10 finden wir somit den Widerstand

$$
\begin{aligned}
R_w &= \frac{N\,l_m}{\gamma\,A}\left[1 + \alpha_{20}(\vartheta_w - 20\,^\circ C)\right]\\
&= \frac{800 \cdot 0,2\,m}{56(m/\Omega\ mm^2)} \cdot 0,862\,mm^2[1 + 3,93\,kK^{-1}(90\,^\circ C\\
&- 20\,^\circ C)] = 4,18\ \Omega
\end{aligned}
$$

1.4   Energie der elektrischen Spannung

Aufgabe der elektrischen Energietechnik ist es, aus atomar oder chemisch gebundener oder mechanischer Energie elektrische Energie zu gewinnen, sie an die Verbraucher weiterzuleiten und sie dort wieder in andere Energiearten (z. B. Wärme, mechanische Energie) umzuwandeln. Dabei geht nach dem Satz von der Erhaltung der Energie keine Energie verloren; Energie kann also „verbraucht" werden.

1.4.1   Arbeit und Strompreis

Nach Gl. 1.1 und 1.4 gilt für die **elektrische Energie** bzw. **Arbeit**

$$W = U\,Q = U\,I\,t \tag{1.14}$$

Sie hängt also von der treibenden Spannung U und der beförderten Elektrizitätsmenge Q = I t ab. Mit den Zeitwerten u und i gilt für sie ganz allgemein

$$W_t = \int_0^{t_1} u\,i\,dt \tag{1.15}$$

Die Einheit elektrischer Energie bzw. Arbeit ist im MKSA-System das Joule (Symbol J) mit J = Ws = VAs = Nm, wobei jedoch meist mit der größeren Einheit 1 kWh = 3,6·10^6 Ws gerechnet wird.

Als Strompreis k bezeichnen wir dann die auf die Arbeit bezogenen Kosten (z. B. mit der Einheit Cent/kWh). Als Stromkosten fallen also an

$$K = k\,W \qquad (1.16)$$

1.4.2   Leistung und Wirkungsgrad

Wir nennen die auf die Zeit t bezogene Arbeit W **Leistung** und erhalten für sie unter Beachtung von Gl. 1.7

$$P = W/t = U\,I = U^2/R = I^2\,R \qquad (1.17)$$

oder ganz allgemein als Zeitwert

$$S_t = u\,i \qquad (1.18)$$

Dieser Zeitwert hat bei Wechselstrom eine besondere Bedeutung, so dass auch hier schon das Formelzeichen für die Scheinleistung S eingeführt wird.

Gl. 1.17 macht deutlich, dass die Leistung keine lineare Größe mehr ist, sondern quadratisch von Spannung U bzw. Strom I abhängt.

Gl. 1.17 liefert auch sofort die Einheit der Leistung, nämlich W = VA.

Da bei der Energieumwandlung keine Energie verloren geht, die zugeführte Leistung P_1 aber i. allg. nicht voll in die abgeführte Leistung P_2 erwünschter Energieart überführt wird, treten noch Verluste $P_v = P_1 - P_2$ auf, die meist unmittelbar in Wärme umgesetzt werden (s. Abb. 1.4).

In der Energietechnik soll möglichst die gesamte Energie verlustlos vom Eingang (Index 1) auf den Ausgang (Index 2) übertragen werden. Ein Maßstab dafür, wie gut diese Forderung erfüllt ist, stellt der **Wirkungsgrad**

Abb. 1.4 Leistungsfluss

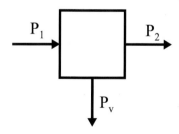

$$\eta = \frac{P_2}{P_1} = \frac{P_1 - P_v}{P_1} = 1 - \frac{P_v}{P_1} \qquad (1.19)$$

dar. Er kann nicht größer als 1 werden, erreicht aber in großen elektrischen Maschinen Werte bis 0,99.

1.4.3   Umrechnung der Energiearten

Wird die Kraft F = m a (mit Masse m und Beschleunigung a oder Fallbeschleunigung g) bei der Geschwindigkeit v überwunden oder das Drehmoment M bei der Winkelgeschwindigkeit $\omega = 2\,\pi\,n$ (mit der Drehzahl n) erzeugt, so ist die mechanische Leistung

$$P = F\,v = M\,\omega \qquad (1.20)$$

wirksam. Sie soll heute ebenfalls in der Einheit W angegeben werden. Für die Umrechnung früher gebräuchlicher Leistungseinheiten gilt

$$1\,W = 1\,Nm/s = 0,102\,kpm/s = 0,239\,cal/s = 1,36 \cdot 10^{-3}\,PS$$

Analog gilt für die Arbeitseinheiten

$$1\,J = 1\,Ws = 1\,Nm = 1\,kgm^2/s^2 = 0,102\,kpm = 0,239\,cal$$

$$1\,kWh = 3,6 \cdot 10^6\,Ws = 0,367 \cdot 10^6\,kpm = 860\,kcal = 1,36\,PSh$$

Beispiel 3   Ein Kran soll die Masse m = 500 kg mit der Geschwindigkeit v = 2 m/s heben. Die Seiltrommel hat den Wirkungsgrad $\eta_S = 0,8$, das zwischen Antriebsmotor und Seiltrommel geschaltete Getriebe den Wirkungsgrad $\eta_G = 0,7$ und der Motor den Wirkungsgrad $\eta_M = 0,85$. Für welche Leistung P_2 (s. Abb. 1.5) muss der Gleichstrommotor bemessen sein, und welcher Netzstrom I fließt bei der Netzspannung U = 230 V?

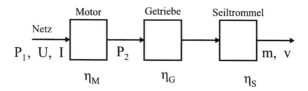

Abb. 1.5 Blockschaltbild eines Krans

Mit Gl. 1.19 und 1.20 sowie der Erdbeschleunigung g = 9,81 m/s^2 erhalten wir die Leistungsabgabe des Motors

$$P_2 = \frac{m \, g \, v}{\eta_S \, \eta_G} = \frac{500 \, kg \cdot 9,81 \, (m/s^2) \cdot 2 \, m/s}{0,8 \cdot 0,7} = 17,53 \, kW$$

Hierfür wird mit Gl. 1.17 und 1.19 der Strom

$$I = \frac{P_2}{\eta_M \, U} = \frac{17,53 \, kW}{0,85 \cdot 230 \, V} = 89,66 \, A$$

benötigt.

Beispiel 4 Ein Vollbad benötigt etwa 300 l Wasser, das im Mittel von $10\,°C$ auf $35\,°C$ erwärmt werden muss. Es sollen nun die Kosten, die a) ein elektrischer Durchlauferhitzer (Wirkungsgrad η_D = 0,95, Strompreis k_D = 42 Cent/kWh) und b) ein Boiler mit Nachtspeicherheizung (η_N = 0,8, k_N = 18 Cent/kWh) verursachen, miteinander verglichen werden.

Es muss bei $1 \, l \stackrel{\triangle}{=} 1 \, kg$ Wasser die Wärmemenge $W = 300 \, kg \cdot (35\,°C - 10\,°C) \cdot 1 \, kcal/kg \, K = 7500 \, kcal$ für das Wasser erzeugt werden. Also sind die Kosten nach Gl. 1.16 und 1.19 beim Durchlauferhitzer

$$K_D = \frac{W \, k_D}{\eta_D} = \frac{7500 \, kcal \cdot 42 \, Cent/kWh}{860 \, (kcal/kWh) \cdot 0,95} = 3,85 \, EUR$$

und beim Boiler

$$K_N = \frac{W \, k_N}{\eta_N} = \frac{7500 \, kcal \cdot 18 \, Cent/kWh}{860 \, (kcal/kWh) \cdot 0,8} = 1,65 \, EUR$$

Übungsaufgaben zu Abschn. 1.3 und 1.4 (Lösung im Anhang):

Beispiel 5 Welcher Berührungsspannung darf ein Mensch mit dem Widerstand R = 5 kΩ höchstens ausgesetzt werden, wenn der Strom den Wert I = 10 mA nicht überschreiten darf?

Beispiel 6 Der Widerstand R = 100 Ω über einen Gleichrichter an eine sinusförmige Wechselspannung nach Abb. 1.6 mit dem Scheitelwert $u_m = 300 \, V$ gelegt. Wie verläuft der Strom i?

Beispiel 7 Eine Freileitung speist einen 1 km entfernten Verbraucher mit dem Strom I = 80 A. Auf der Leitung darf höchstens ein Spannungsabfall von 10 V entstehen. Wie groß muss der Querschnitt des Kupferdrahtes sein?

Beispiel 8 In welchem Verhältnis muss der Querschnitt einer Leitung aus Aluminium zu dem einer Leitung aus Kupfer erhöht werden, wenn beide den gleichen Widerstand aufweisen sollen, und wie verhalten sich dann bei den Dichten $8,9\ kg/dm^3$ für Kupfer und $2,7\ kg/dm^3$ für Aluminium die Massen?

Beispiel 9 Ein Heizwiderstand soll bei der Spannung U = 230 V die Wärmeleistung P = 500 W erzeugen. Er soll aus einem Chromnickelband von 2 mm Breite und 0,15 mm Dicke hergestellt werden. Wie lang muss das Band gewählt werden?

Beispiel 10 Ein Verbraucher ist über Hin- und Rückleitung aus Kupfer bei dem Drahtquerschnitt A = 10 mm^2 an eine 500 m entfernte Spannungsquelle mit der Spannung U = 230 V angeschlossen. Wie groß wird der Strom, wenn man den Verbraucher kurzschließt, die Quellenspannung aber konstant bleibt?

Beispiel 11 Um welche Temperatur hat sich eine Motorwicklung aus Kupfer erwärmt, wenn der Widerstand gemessen bei $\vartheta_k = 25\,^\circ C$ von $R_k = 87\ \Omega$ auf $R_w = 115\ \Omega$ angestiegen ist?

Beispiel 12 Reicht bei einem Heizofen für P = 2000 W und U = 230 V eine Sicherung für 10 A aus?

Beispiel 13 Eine Kochplatte für 1000 W benötigt 16 min, um 3 l Wasser von 20 $^\circ C$ auf 80 $^\circ C$ zu erwärmen. Wie groß ist der Wirkungsgrad?

Beispiel 14 Ein Widerstand ist gekennzeichnet mit 10 kΩ und 0,5 W. An welche Spannung darf er höchstens angeschlossen werden?

Abb. 1.6 Gleichgerichtete Wechselspannung u

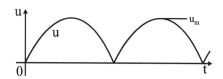

Beispiel 15 Ein Widerstand wird an die 1,1-fache Nennspannung angeschlossen. In welchem Verhältnis erhöht sich die Leistung?

Beispiel 16 Ein Widerstand soll nur 40 % seiner Nennleistung aufnehmen. In welchem Verhältnis muss dann die anliegende Spannung verringert werden?

Beispiel 17 Der Eder-Stausee kann $200 \cdot 10^6 \ m^3$ Wasser bei einer mittleren Fallhöhe von 42 m speichern. Wie groß ist die gespeicherte potentielle Energie?

Beispiel 18 In einem Wasserfall stürzen $5500 \, m^3$ Wasser je Stunde 8 m herab. Welche elektrische Leistung könnte man hier erzeugen, wenn man den Gesamtwirkungsgrad $\eta = 0,5$ voraussetzt?

Beispiel 19 Wie groß ist der Wirkungsgrad eines Gleichstrommotors, dessen Leistungsschild die Angaben 230 V, 6,0 A, 1,5 PS, 1450 U/min enthält?

Beispiel 20 Das Leistungsschild eines Gleichstrommotors enthält die Angaben 230 V, 78 A, 15 kW, 1750 U/min. Wie groß sind Nennmoment M_N und die Stromkosten K für einen achtstündigen Betrieb, wenn der Strompreis k = 0,07 Cent/kWh beträgt?

Beispiel 21 Wie groß sind Strom I und Widerstand R eines Tauchsieders für P = 1000 W und U = 230 V? Welche Wärmemenge W wird in der Zeit t = 10 min erzeugt? Um welche Temperatur $\vartheta_{\ddot{u}}$ kann man hiermit 2 l Wasser erwärmen? Welche Zeit t' wird für die Erzeugung der gleichen Wärmemenge W benötigt, wenn die Spannung auf U' = 0,85 U absinkt?

1.5   Kirchhoffsche Gesetze

Ohmsches Gesetz und die beiden Kirchhoffschen Gesetze stellen die Grundlagen der Berechnung elektrischer Stromkreise dar. Wir müssen daher zunächst die zugehörigen Begriffe definieren, Richtlinien für die Anwendung der Kirchhoffschen Gesetze aufstellen und einfache Beispiele betrachten.

1.5.1 Begriffe

Zweipol In einem elektrischen Netzwerk sind Zweipole über widerstandslos gedachte Verbindungsleitungen zusammengeschaltet. Dabei werden die den wirklichen Verbindungsleitungen zukommenden elektrischen Eigenschaften (z. B. Ohmscher Widerstand) einem Zweipol, der im Leitungszug liegt, zugeordnet. Der Zweipol selbst ist nach Abb. 1.7 ein Schaltungselement, das zwei Klemmen aufweist und von dem – ohne Rücksicht auf physikalische Realisierung und räumliche Ausdehnung – nur noch die elektrischen Eigenschaften zwischen den beiden Anschlussklemmen interessieren.

Wir arbeiten zunächst nur mit dem ohmschen Widerstand R und der idealen Gleichspannungs- bzw. Gleichstromquelle G, deren Schaltbild Abb. 1.7 zeigt. Da der Strom Zweipole stets nur in einer Richtung durchfließen kann, nennt man sie auch **Eintor**.

Der ohmsche Widerstand R kann keine Spannung bzw. elektrische Energie erzeugen; deshalb ist er ein passiver Zweipol. Eine Quelle G erzeugt dagegen eine Quellenspannung U_q. Wenn sie elektrische Energie abgibt, nennt man sie einen aktiv wirkenden Zweipol. Sie kann aber i. allg. auch durch eine größere äußere Spannung gezwungen werden, elektrische Energie aufzunehmen. In diesem Fall ist sie ein passiv wirkender Zweipol.

Topologie Mit Topologie bezeichnen wir die Lehre von der Anordnung geometrischer Gebilde im Raum. Ein elektrisches Netzwerk, das aus Zweipolen zusammengesetzt ist, wird meist zweidimensional betrachtet. Es besteht aus einzelnen Zweigen, die an den Knotenpunkten miteinander zusammenhängen und so Maschen bilden.

Im **Knotenpunkt** treffen also i. allg. mindestens 3 Verbindungsleitungen zusammen, wobei wir Knoten, die ohne einen dazwischen geschalteten Zweipol miteinander verbunden sind, zu einem Knotenpunkt (z. B. c in Abb. 1.8) zusammenfassen.

Ein **Zweig** verbindet zwei Knotenpunkte durch eine Kettenschaltung von Zweipolen und Verbindungsleitungen, die alle vom selben Strom durchflossen werden, miteinander (z. B. R_1, G_1, und R_6 in Abb. 1.8).

Abb. 1.7 Schaltbilder von Zweipolen. **a** Widerstand, **b** Gleichspannungsquelle, **c** Gleichstromquelle

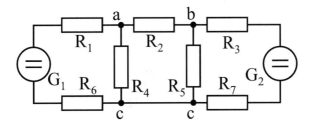

Abb. 1.8 Netzwerk

Unter **Masche** verstehen wir einen in sich geschlossenen Kettenzug von Zweigen und Knotenpunkten (in Abb. 1.8 z. B. a, R_1, G_1, R_6, c, R_4, a oder auch a, R_1, G_1, R_6, c, R_7, G_2, R_3, b, R_2, a). Für weitere Einzelheiten s. Abschn. 2.3.1.

1.5.2 Knotenpunktsatz

Das 1. Kirchhoffsche Gesetz wird auch treffend als Knotenpunktsatz bezeichnet. Da in einem Knotenpunkt Elektronen weder gespeichert noch erzeugt werden können, muss die dem Knotenpunkt zugeführte Elektrizitätsmenge im gleichen Augenblick wieder abfließen.

Wenn wir alle Zweigströme mit Vorzeichen versehen, dürfen wir für die Zeitwerte der Ströme i_μ auch ganz allgemein setzen

$$\Sigma\, i_\mu = 0 \qquad\qquad (1.21)$$

bzw. bei den Gleichströmen I_μ

$$\Sigma\, I_\mu = 0 \qquad\qquad (1.22)$$

Für Abb. 1.9 muss also z. B. sein $I_1 + I_2 - I_3 + I_4 - I_5 = 0$. Der Knotenpunktsatz gilt bei Gleichstrom auch für ganze Netzwerksteile, da dort die oben genannten Voraussetzung ebenfalls zutrifft.

1.5.3 Maschensatz

Das 2. Kirchhoffsche Gesetz behandelt als Maschensatz die Maschen eines beliebigen Netzwerks. Da die elektrische Spannung nach Gl. 1.4 die Differenz elektrischer Potentiale ist, verschwindet in Abb. 1.10 die **Umlaufspannung**

Abb. 1.9 Knotenpunkt

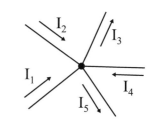

Abb. 1.10 Masche

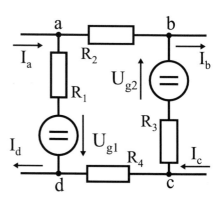

$$U_{ab} + U_{bc} + U_{cd} + U_{da} = 0$$

Die Spannungen, einschließlich der Quellenspannung, befinden sich also ganz allgemein in einer Masche im Gleichgewicht. Für die Zeitwerte u_μ der μ Spannungen einer Masche ist also allgemein

$$\Sigma\, u_\mu = 0 \qquad\qquad (1.23)$$

bzw. für die Gleichspannungen U_μ einer Masche

$$\Sigma\, U_\mu = 0 \qquad\qquad (1.24)$$

Dabei genügt es, wenn man die Spannungen an einem Zweig, z. B. an den Eingangs- oder Ausgangsklemmen eines Netzwerks, angeben kann, ohne diesen äußeren Zweig in seinem Aufbau näher kennen zu müssen.

Gl. 1.21 und 1.23 gehen ineinander über, wenn man Spannungen u_μ und i_μ gegeneinander vertauscht. Knotenpunkt und Masche verhalten sich daher dual, was später (z. B. Abschn. 2.2.1 noch zu bemerkenswerten Aussagen führt.

1.5.4   Einfache Reihen- und Parallelschaltungen

Die beiden Kirchhoffschen Gesetze erlauben auch sofort, in Verbindung mit dem Ohmschen Gesetz einfache Reihenschaltun- gen oder Parallelschaltungen zu berechnen. Wie in Tab. 1.4 dargestellt, gehen wir bei der Reihenschaltung vom Maschensatz und bei der Parallelschaltung vom Knotenpunktsatz aus. Hieraus ergeben sich dann die in Tab. 1.4 zusammengestellten Gleichungen.

Tab. 1.4 zeigt besonders deutlich das duale Verhalten von Reihenschaltung und Parallelschaltung: Alle Gleichungen der Parallelschaltung ergeben sich aus den Bestimmungsgleichungen der Reihenschaltung, wenn Spannung U und Strom I sowie Widerstand R und Leitwert G gegeneinander vertauscht werden. Man braucht sich also die gleichungsmäßigen Zusammenhänge nur für eine der beiden Schaltungen zu merken und kann dann jeweils durch Anwendung der dualen Zuordnung die andere Schaltung in analoger Weise betrachten.

In Tab. 1.4 ist auch schon die Ersatzschaltung eingetragen, mit der man meist arbeitet, wenn die Wirkungen auf das einspeisende Netz mit Spannung U und Strom I betrachtet werden sollen. Hierfür sind dann zunächst Ersatzwiderstand R oder Ersatzleitwert G gesucht. Beide können nach Tab. 1.4 aus den Teilwiderständen R_μ bzw. Teilleitwerten G_μ berechnet werden.

Wenn nur zwei Widerstände R_1 und R_2 parallelgeschaltet sind, ist nach Tab. 1.4 auch

$$\frac{1}{R} = \frac{1}{R_1} + \frac{1}{R_2} = \frac{R_1 + R_2}{R_1\, R_2}$$

bzw. der Ersatzwiderstand

$$R = \frac{R_1\, R_2}{R_1 + R_2} \tag{1.25}$$

Spannungs- und Stromteiler Bei der Berechnung von Netzwerken müssen immer wieder Spannungen und Ströme durch Widerstände aufgeteilt werden. Diese Spannungs- und Stromteilungen lassen sich einfach durch Anwendung der in Tab. 1.4 zusammengestellten Zusammenhänge bestimmen. Die entsprechenden Gleichungen sind in Tab. 1.5 angegeben. Auch hier zeigt sich wieder deutlich das duale Verhalten von Reihenschaltungen und Parallelschaltungen.

Beispiel 22 Zwei Widerstände R_1 und R_2 sollen in der Reihenschaltung die Leistung $P_r = 1000$ W und in der Parallelschaltung die Leistung $P_p = 8000$ W aufnehmen. Wie groß müssen sie dann für die Netzspannung U = 230 V sein?

Mit Tab. 1.4, Gl. 1.17 und 1.25 erhält man

Tab. 1.4 Vergleich von Reihenschaltung und Parallelschaltung

Reihenschaltung	Ersatzschaltung	Parallelschaltung
$\Sigma U_\mu = 0$		$\Sigma I_\mu = 0$
$U = U_1 + U_2 + U_3$		$I = I_1 + I_2 + I_3$
$\Sigma U_\mu = \Sigma R_\mu \cdot I$	$I = G \cdot U$	$\Sigma I_\mu = \Sigma G_\mu \cdot U$
$R \cdot I = R_1 \cdot I + R_2 \cdot I + R_3 \cdot I$	$U = R \cdot I$	$G \cdot U = G_1 \cdot U + G_2 \cdot U + G_3 \cdot U$
$R = R_1 + R_2 + R_3$		$G = G_1 + G_2 + G_3$
$R = \Sigma R_\mu$		$G = \Sigma G_\mu$
$\frac{1}{G} = \frac{1}{G_1} + \frac{1}{G_2} + \frac{1}{G_3}$		$\frac{1}{R} = \frac{1}{R_1} + \frac{1}{R_2} + \frac{1}{R_3}$
$\frac{U_1}{U_2} = \frac{R_1}{R_2}$		$\frac{I_1}{I_2} = \frac{G_1}{G_2}$
$R = n \cdot R_n$		$G = n \cdot G_n$
$G = \frac{G_n}{n}$		$R = \frac{R_n}{n}$

$$P_r = \frac{U^2}{R_1 + R_2} \quad \text{und} \quad P_p = \frac{U^2}{R_1 \| R_2} = U^2 \, \frac{R_1 + R_2}{R_1 \, R_2}$$

oder $1000 \text{ W} = \frac{U^2}{R_1 + R_2}$ und $8000 \text{ W} = U^2 \, \frac{R_1 + R_2}{R_1 \, R_2}$

bzw. $\frac{1000 \text{ W}}{8000 \text{ W}} = \frac{1}{8} = \frac{R_1 \, R_2}{(R_1 + R_2)^2}$

$$R_1^2 + 2 \, R_1 R_2 + R_2^2 - 8 \, R_1 R_2 = 0$$

$$R_1 = 3 \, R_2 \pm \sqrt{9 \, R_2^2 + R_2^2} = 5{,}828 \, R_2$$

$$R_2 = 0{,}172 \, R_1$$

Daher ist $R_1 + R_2 = 1{,}172 \, R_1 = \frac{230^2 \, V^2}{1000 \, W} = 52{,}9 \; \Omega$

Tab. 1.5 Vergleich von Spannungs- und Stromteiler

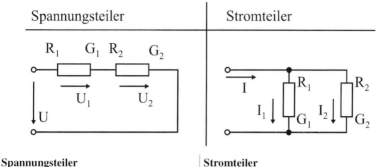

Spannungsteiler	Stromteiler
$\frac{U_1}{U_2} = \frac{R_1}{R_2} = \frac{G_2}{G_1}$	$\frac{I_1}{I_2} = \frac{G_1}{G_2} = \frac{R_2}{R_1}$
$\frac{U_1}{U} = \frac{R_1}{R_1+R_2} = \frac{G_2}{G_1+G_2}$	$\frac{I_1}{I} = \frac{G_1}{G_1+G_2} = \frac{R_2}{R_1+R_2}$

$$\text{und } R_1 = 52{,}9 \ \Omega / 1{,}172 = 62 \ \Omega$$
$$R_2 = 0{,}172 \cdot 62 \ \Omega = 10{,}664 \ \Omega$$

Beispiel 23   Der Spannungsteiler in Abb. 1.11 enthält die Widerstände $R_1 = 400 \ \Omega$ und $R_2 = 600 \ \Omega$ und liegt an der Spannung U = 230 V. Die Spannung U_3 ist für die Fälle a) Widerstand $R_3 = \infty$ und b) $R_3 = 300 \ \Omega$ zu bestimmen.

Abb. 1.11 Spannungsteiler

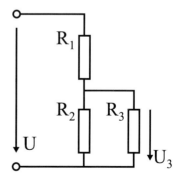

Zu a) Nach Tab. 1.5 ist

$$U_3 = U\, R_2/(R_1 + R_2)$$
$$= 230\ V \cdot 600\ \Omega/(400\ \Omega + 600\ \Omega)$$
$$= 138\ V$$

Zu b) Hier wirkt nun der Parallelwiderstand

$$R_2 \parallel R_3 = \frac{R_2\, R_3}{R_2 + R_3} = \frac{600\ \Omega \cdot 300\ \Omega}{600\ \Omega + 300\ \Omega} = 200\ \Omega$$

Daher gilt nach Tab. 1.5

$$U_3 = U\, \frac{R_2 \| R_3}{R_1 + R_2 \| R_3} = 230\ V\, \frac{200\ \Omega}{400\ \Omega + 200\ \Omega} = 76{,}66\ V$$

Spannungsteiler ändern daher ihre Teilspannungen u. U. stärker mit der Belastung.

Beispiel 24 Einer Parallelschaltung der drei Widerstände $R_1 = 10\ \Omega$, $R_2 = 20\ \Omega$ und $R_3 = 30\ \Omega$ wird nach Abb. 1.12 der Strom I = 11 A zugeführt. Der Zweigstrom I_1 ist zu berechnen.

Wir dürfen die Schaltung in Abb. 1.12 als Parallelschaltung des Widerstands R_1 mit dem Ersatzwiderstand $R_2 \| R_3$ auffassen, erhalten also mit Gl. 1.25 und Tab. 1.5 das Stromverhältnis

$$\frac{I_1}{I} = \frac{R_2 \| R_3}{R_1 + R_2 \| R_3} = \frac{R_2 R_3/(R_2 + R_3)}{R_1 + \frac{R_2 R_3}{R_2 + R_3}} = \frac{R_2 R_3}{R_1 R_2 + R_2 R_3 + R_3 R_1}$$

bzw. den Strom

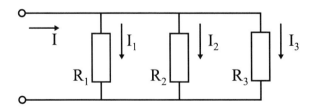

Abb. 1.12 Stromteiler

$$I_1 = 11 \, A \, \frac{20 \, \Omega \cdot 30 \, \Omega}{10 \, \Omega \cdot 20 \, \Omega + 20 \, \Omega \cdot 30 \, \Omega + 30 \, \Omega \cdot 10 \, \Omega} = 6 \, A$$

Übungsaufgaben zu Abschn. 1.5.4 (Lösung im Anhang):

Beispiel 25 In einem Haushalt sind 2 Glühlampen für je 100 W, 4 Glühlampen von je 40 W, ein Heizofen für 2000 W und eine Küchenmaschine von 400 W gleichzeitig in Betrieb. Welcher Netzstrom fließt bei der Netzspannung U = 230 V?

Beispiel 26 Der Widerstand $R_1 = 1 \, k\Omega$ soll mit einem zweiten Widerstand R_2 so zusammengeschaltet werden, dass bei einer Spannung U = 230 V der Strom I = 0,5 A fließt. Welcher Widerstand R_2 muss in welcher Form zugeschaltet werden?

Beispiel 27 Das Netzwerk in Abb. 1.13 enthält die Widerstände $R_1 = 0,2 \, \Omega$, $R_2 = 3 \, \Omega$, $R_3 = 1 \, \Omega$ und $R_4 = 2 \, \Omega$. Der Widerstand R_{ab} zwischen den Klemmen a und b ist zu bestimmen.

Beispiel 28 Die Schaltung in Abb. 1.14 mit den Widerständen $R_1 = 60 \, \Omega$ und $R_2 = 20 \, \Omega$ liegt an der Spannung U = 100 V. Welche Leistung wird in diesem Netzwerk umgesetzt?

Beispiel 29 Welche Leistungen können mit den beiden Widerständen $R_1 = 55 \, \Omega$ und $R_2 = 110 \, \Omega$ an der Netzspannung U = 230 V verwirklicht werden?

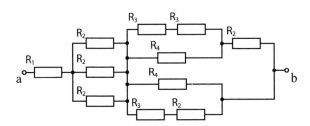

Abb. 1.13 Widerstandsnetzwerk

Abb. 1.14 Netzwerk

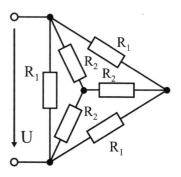

Beispiel 30   In der Schaltung von Abb. 1.15 mit den Widerständen $R_1 = 30\,\Omega$ und $R_2 = 56\,\Omega$ fließt der Strom I = 7,5 A. Wie groß sind die Ströme I_1 und I_2 sowie Spannung U?

Beispiel 31   Wenn man einen Widerstand R durch Messung von Strom und Spannung bestimmen will, kann man hierfür entweder eine stromrichtige Messschaltung nach Abb. 1.16a oder eine spannungsrichtige Schaltung nach Abb. 1.16b benutzen. Wie lauten die genauen Bestimmungsgleichungen?

Beispiel 32   Die Schaltung in Abb. 1.17 enthält die Widerstände $R_1 = 20\,k\Omega$, $R_2 = 30\,k\Omega$, $R_3 = 40\,k\Omega$. Sie liegt an der Spannung U = 210 V. Die Spannung U_3 soll gemessen werden. Wie groß sind die Messfehler, wenn der Spannungsmesser V die Widerstände a) $R_V = 150\,k\Omega$ und b) $R_V = 300\,k\Omega$ aufweist?

Abb. 1.15 Stromteiler

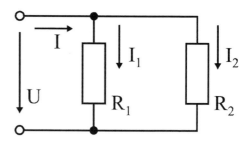

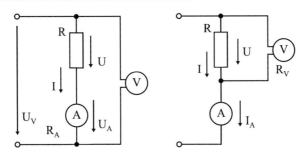

Abb. 1.16 Stromrichtige (**a**) und spannungsrichtige (**b**) Widerstands-Messschaltung

Beispiel 33 Die Schaltung in Abb. 1.18 enthält die Widerstände $R_1 = 100\,\Omega$, $R_2 = 60\,\Omega$, $R_3 = 20\,\Omega$ und liegt an der Spannung U = 100 V. Welche Leistung wird umgesetzt?

Abb. 1.17 Spannungsmessung

Abb. 1.18 Netzwerk

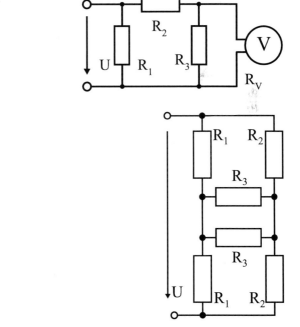

Beispiel 34 Ein älterer Strommesser mit Dreheisenmesswerk und einer Wicklung aus Kupfer (mit dem Widerstand $R_A = 1,1\ \Omega$ bei der Temperatur $\vartheta = 20\,°C$) für den Messbereich I = 1,2 A soll mit einem Vorwiderstand aus Konstanten als Spannungsmesser für U = 12 V benutzt werden. Welcher Vorwiderstand R_{VW} muss vorgesehen werden? Welche Spannung U_W führt bei der Wicklungstemperatur $\vartheta_W = 50\,°C$ zum Vollausschlag? Wie groß ist dann der Temperaturfehler F?

Beispiel 35 Die Schaltung in Abb. 1.19 wird aus sechs Widerständen mit jeweils $R = R_a = 6\ \Omega$ gebildet und liegt an der Spannung U = 230 V. Wie groß ist die Spannung U_a, und welche Leistung P_a wird in dem Widerstand R_a umgesetzt?

Beispiel 36 Die Schaltung in Abb. 1.20 enthält die Widerstände $R_1 = 4\,k\Omega$, $R_2 = 1,2\,k\Omega$ und $R_4 = 500\ \Omega$. Wenn sie an der Spannung U = 100 V liegt, fließt der Strom I = 100 mA. Wie groß sind Spannung U_3 und Widerstand R_3?

Abb. 1.19 Netzwerk

Abb. 1.20 Netzwerk

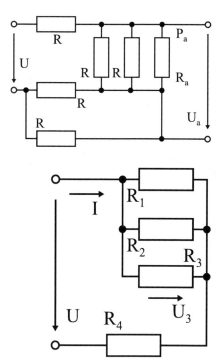

Abb. 1.21 Netzwerk

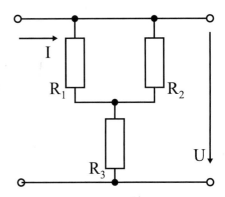

Beispiel 37 Die Schaltung in Abb. 1.21 enthält die Widerstände $R_1 = 3\,k\Omega$, $R_2 = 2\,k\Omega$, $R_3 = 1\,k\Omega$ und nimmt den eingeprägten Strom I = 20 mA auf. Wie groß ist die Spannung U?

1.5.5 Zählpfeile

In Gl. 1.21 und 1.23 spielen offensichtlich die Vorzeichen der betrachtenden Größen eine ausschlaggebende Rolle. Wir müssen daher für sie einige notwendige Festlegungen treffen.

Wir wenden hier nur das **Verbraucher-Zählpfeil-System** (VZS) an, das davon ausgeht, dass eine an einem Verbraucher anliegende Spannung U einen in der Richtung exakt festliegenden Strom I zum Fließen bringt. Wenn man diese Richtungen

Abb. 1.22 Zweipol mit Zählpfeilen im Verbraucher-Zählpfeil-System

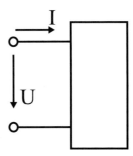

Abb. 1.23 Zusammen-
arbeit von Verbraucher und
Erzeuger

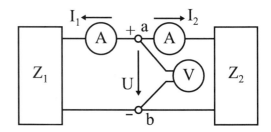

durch Pfeile angibt, müssen sie für Strom und Spannung in die gleiche Richtung weisen (Abb. 1.22).

Schalten wir nun zwei Zweipole entsprechend Abb. 1.23 zusammen, muss offenbar der eine als Erzeuger und der andere als Verbraucher wirken; der Strom muss also oben aus dem einen Zweipol austreten und in den anderen hineinfließen. Aus Abb. 1.23 ist, wenn man die Zählpfeilregeln von Abb. 1.22 anwendet, aber noch nicht zu erkennen, in welcher Richtung der Strom fließt, wer von den beiden Zweipolen also aktiv oder passiv wirkt.

Erst wenn wir für Strommesser A und Spannungsmesser V Drehspulmesswerke einsetzen, können wir über Strom- und Spannungsrichtung Aussagen machen. Grundsätzlich kann ja jeder der beiden Zweipole, wenn wir beide als aktiv voraussetzen (z. B. Batterie und Lichtmaschine eines Kraftwagens), Leistung auf den anderen übertragen. So wird z. B., wenn der Zweipol Z_1, die höhere Quellenspannung erzeugt, der Strom in Richtung des Strom-Zählpfeils I_2 in den Zweipol Z_2 hineinfließen. Die in Abb. 1.23 eingetragenen Strom-Zählpfeile geben daher nicht immer die Richtung des Stroms an, sondern besagen nur, in welcher Richtung der Strom positiv gezählt werden soll.

Da im Verbraucher-Zählpfeil-System Strom- und Spannungs-Zählpfeile gleich gerichtet sind, genügt es, nur einen einzigen Zählpfeil für Strom und Spannung in die Schaltung einzutragen. Von dieser Vereinfachung werden wir hier i. allg. Gebrauch machen. Für Abb. 1.23 wird darüberhinaus klar, dass am Knotenpunkt a, wenn wir den Strom im Spannungsmesser V als vernachlässigbar klein ansehen, entsprechend Gl. 1.21 für die Ströme $I_1 = -I_2$ gilt. Da aber in dieser einfachen Schaltung nur ein Strom fließen kann bzw. soll, wird diese Aussage meist nicht mehr gemacht.

Außerdem ist bei Betrachtung der Zusammenarbeit von Erzeuger und Verbraucher noch zu beachten, dass, wenn der Verbraucher positive Werte für seinen Widerstand R annimmt, der Erzeuger mit den getroffenen Vereinbarungen den entsprechenden negativen Widerstandswert haben muss.

Neben dem Verbraucher-Zählpfeil-System (VZS) gibt es noch das Erzeuger-Zählpfeil-System (EZS), bei dem Spannungs- und Strom-Zählpfeile entgegengesetzte Richtung aufweisen. Für Einzelheiten s. [6, 7].

Beispiel 38 In der Schaltung von Abb. 1.23 hat der Spannungsmesser die Spannung $U = -100$ V und der linke Strommesser den Strom $I_1 = -2$ A gemessen. Wie groß sind die Widerstände R_1 und R_2?

Wir finden für den Zweipol Z_1, mit dem Ohmschen Gesetz den Widerstand

$$R_1 = U/I_1 = (-100\ V)/(-2\ A) = 50\ \Omega$$

haben also mit Z_1, den Verbraucher ermittelt, und für Z_2 mit dem zugehörigen Strom $I_2 = -I_1 = -(-2\ A) = 2$ A den Widerstand

$$R_2 = U/I_2 = -100V/2\ A = -50\ \Omega$$

was darauf hindeutet, dass mit Z_2 der aktive Zweipol, also der Erzeuger, vorliegt.

1.5.6 Regeln für die Anwendung der Kirchhoffschen Gesetze

Um Vorzeichenfehler bei der Anwendung der Kirchhoffschen Gesetze zur Berechnung von Netzwerken zu vermeiden, empfiehlt sich folgendes Vorgehen:

a) Das Netzwerk wird übersichtlich als Schaltung aus Zweipolen, Zweigen und Knotenpunkten dargestellt.

b) Alle Spannungsquellen werden mit durchnummerierten Spannungs-Zählpfeilen versehen, die vom Plus- zum Minuspol zeigen.

c) In alle Zweige werden Strom-Zählpfeile eingetragen und durchnummeriert.

d) Es werden alle voneinander unabhängigen Knotenpunktgleichungen aufgestellt. Alle Ströme, deren Zählpfeile auf den betrachteten Knotenpunkt gerichtet sind, werden mit positivem Vorzeichen, die Ströme mit vom Knotenpunkt weggerichteten Zählpfeilen mit dem negativen Vorzeichen berücksichtigt. Bei k insgesamt vorhandenen Knoten lassen sich r = (k − 1) voneinander unabhängige Stromgleichungen angeben. Die k-te Gleichung liesse sich auch aus den übrigen ableiten und ist daher nicht mehr unabhängig.

e) Für alle zu betrachtenden Maschen wählt man einen Umlaufsinn. Wir setzen hier stets der Einfachheit halber einen Umlaufsinn in Uhrzeigerrichtung, also rechtsherum, voraus. Dann werden die voneinander unabhängigen Maschengleichungen aufgestellt. Quellenspannungen $U_{q\mu}$ und Widerstandsspannungen $U_\mu = R_\mu\, I_\mu$, deren Spannungs- oder Strom-Zählpfeile dem gewählten Umlaufsinn folgen, werden mit positivem Vorzeichen und alle Spannungen, deren Zählpfeile dem Umlaufsinn entgegengerichtet sind, mit negativem Vorzeichen eingeführt. Die unabhängigen Spannungsgleichungen findet man am schnellsten, wenn man nach Aufstellen einer Spannungsgleichung jeweils die gerade betrachtete Masche an einer beliebigen Stelle auftrennt. Für die nächste Maschengleichung wählt man dann einen weiteren, noch geschlossenen Umlauf, in dem also keine Trennstelle liegen darf. Ein Netzwerk mit k Knoten und z Zweigen hat stets m = z − (k − 1) voneinander unabhängige Maschengleichungen.

f) Wenn alle Widerstände R_μ und Quellenspannungen $U_{q\mu}$ bekannt sind, erhält man so ein System von z Gleichungen für die z unbekannten Zweigströme I_μ, das mit den bekannten Verfahren (s. z. B. Anhang und [3]) gelöst werden kann. Alle Ströme, die mit positiven Werten gefunden werden, fließen in Richtung der eingetragenen Strom-Zählpfeile, die Ströme, für die man negative Werte erhält, jedoch entgegengesetzt zum gewählten Strom-Zählpfeil.

g) Nachdem Größe und Richtung der Ströme ermittelt sind, lassen sich auch die zugehörigen Spannungen (durch Anwendung des Ohmschen Gesetzes) bzw. Leistungen bestimmen.

Beispiel 39   Gleichstromgenerator (Lichtmaschine) mit Quellenspannung $U_{qG} =$ 20 V und Innenwiderstand $R_{iG} = 0{,}55\ \Omega$ und Batterie mit Quellenspannung U_{qB} = 12,24 V und Innenwiderstand $R_{iB} = 0{,}006\ \Omega$ speisen in einem Kraftwagen in Parallelschaltung nach Abb. 1.24 die Verbraucher mit $R_a = 0{,}6\ \Omega$. Wie groß sind die Ströme I_a, I_b, I_G und die Spannung U_a?

Abb. 1.24 Ersatzschaltung für Stromversorgung eines Kraftwagens

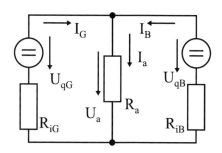

Wir müssen zunächst in Abb. 1.24 alle benötigten Zählpfeile eintragen. Dann können die Strom- und Spannungsgleichungen aufgestellt werden. Da k = 2 Knotenpunkte auftreten, gibt es wegen r = k − 1 = 2 − 1 = 1 nur eine unabhängige Knotenpunktgleichung

$$I_G + I_B - I_a = 0$$

Wegen der insgesamt vorhandenen z = 3 Zweige benötigen wir noch m = z − r = 3 − 1 = 2 unabhängige Maschengleichungen.

Für die linke Masche gilt

$$R_a I_a + R_{iG} I_G - U_{qG} = 0$$

Trennen wir jetzt nach Regel e) den linken Zweig auf, bleibt noch die rechte Masche übrig und liefert

$$U_{qB} - R_{iB} I_B - R_a I_a = 0$$

Nach Einsetzen von $I_a = I_G + I_B$ in die beiden Spannungsgleichungen gibt es nur noch zwei Gleichungen

$$(R_a + R_{iG})I_G + R_a I_B = U_{qB}$$

$$R_a I_G + (R_a + R_{iB})I_B = U_{qB}$$

mit den beiden unbekannten Strömen I_B und I_G. Aus der ersten Gleichung erhalten wir z. B.

$$I_G = \frac{U_{qB} - R_a I_B}{R_a + R_{iG}} = \frac{U_{qB} - (R_a + R_{iB})\, I_B}{R_a}$$

so dass nun über

$$U_{qB} R_a - U_{qB}(R_a + R_{iG}) = I_B \left[R_a^2 - (R_a + R_{iB})(R_a + R_{iG}) \right]$$

der Strom

$$I_B = \frac{U_{qB}(R_a + R_{iG})\, U_{qG} R_a}{R_a R_{iB} + R_a R_{iG} + R_{iB} R_{iG}}$$

$$= \frac{12{,}24\,V\,(0{,}6\,\Omega + 0{,}55\,\Omega) - 20\,V \cdot 0{,}6\,\Omega}{0{,}6\,\Omega \cdot 0{,}006\,\Omega + 0{,}6\,\Omega \cdot 0{,}55\,\Omega + 0{,}006\,\Omega \cdot 0{,}55\,\Omega} \qquad (1.26)$$

$$= 6{,}17\,A$$

berechnet werden kann. Analog erhalten wir

$$I_G = \frac{U_{qG}(R_a + R_{iB})\, U_{qB} R_a}{R_a R_{iB} + R_a R_{iG} + R_{iB} R_{iG}}$$

$$= \frac{20\ V(0,6\ \Omega + 0,006\ \Omega) - 12,24\ V \cdot 0,6\ \Omega}{0,6\ \Omega \cdot 0,006\ \Omega + 0,6\ \Omega \cdot 0,55\ \Omega + 0,006\ \Omega \cdot 0,55\ \Omega} \qquad (1.27)$$

$$= 14,17\ A$$

Der Verbraucherstrom ist hier einfach $I_a = I_G + I_B = 6,17\ A + 14,17\ A = 20,34\ A$ oder allgemein mit Gl. 1.26 und 1.27

$$I_a = \frac{R_{iG} U_{qB} + R_{iB} U_{qG}}{R_a R_{iB} + R_a R_{iG} + R_{iB} R_{iG}} \qquad (1.28)$$

Die Verbraucherspannung beträgt $U_a = R_a\, I_a = 0,6\ \Omega \cdot 20,34\ A = 12,2\ V$.

Beispiel 40 Abb. 1.25a zeigt eine Brückenschaltung. Es soll die Gleichung für den Strom I_5 aufgestellt werden.

Wir gehen entsprechend den angegebenen Regeln vor und tragen zunächst einmal entsprechende Abb. 1.25b Zählpfeile in die Schaltung ein. Die Brücke hat k = 4 Knoten; daher sind r = k − 1 = 4 − 1 = 3 unabhängige Stromgleichungen möglich. Wir finden für

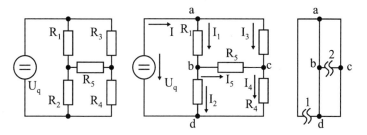

Abb. 1.25 Wheatstone-Brücke ohne (**a**) und mit (**b**) Zählpfeilen sowie Streckenkomplex (**c**) mit Unterbrechungsstellen

Knoten a: $-I_1 - I_3 + I = 0$
Knoten b: $I_1 - I_5 - I_2 = 0$
Knoten c: $I_4 - I_3 - I_5 = 0$

Bei insgesamt $z = 6$ Zweigen und entsprechend $z = 6$ unbekannten Zweigströmen benötigen wir zu Lösung des Gleichungssystems noch $m = z - (k - 1) = 6 - (4 - 1) = 3$ Spannungsgleichungen. Wir erhalten, wenn wir stets einen Umlaufsinn im Uhrzeigersinn vorschreiben, für die

Masche abd: $\qquad I_1 R_1 + I_2 R_2 - U_q = 0$

Dann unterbrechen wir sie entsprechend Abb. 1.25c an der Stelle 1 und finden für die

Masche acb: $\qquad I_3 R_3 - I_5 R_5 - I_1 R_1 = 0$

bzw. nach Unterbrechung an der Stelle 2 für die

Masche acdb: $\qquad I_3 R_3 + I_4 R_4 - I_2 R_2 - I_1 R_1 = 0$

Dieses Gleichungssystem lösen wir am einfachsten mit Determinanten (s. Anhang und [3]). Wir ordnen das Gleichungssystem

$$
\begin{array}{lllllll}
-I & +I_1 & +0 & +I_3 & +0 & +0 & = 0 \\
0 & -I_1 & +I_2 & +0 & +0 & +I_5 & = 0 \\
0 & +0 & +0 & -I_3 & +I_4 & -I_5 & = 0 \\
0 & +R_1 I_1 & +R_2 I_2 & +0 & +0 & +0 & = U_q \\
0 & -R_1 I_1 & +0 & +R_3 I_3 & +0 & -R_5 I_5 & = 0 \\
0 & -R_1 I_1 & -R_2 I_2 & +R_3 I_3 & +R_4 I_4 & +0 & = 0
\end{array}
$$

Das wir nun auch als Matrizengleichung (s. Anhang und [3])

$$
\begin{bmatrix}
-1 & 1 & 0 & 1 & 0 & 0 \\
0 & -1 & 1 & 0 & 0 & 1 \\
0 & 0 & 0 & -1 & 1 & -1 \\
0 & R_1 & R_2 & 0 & 0 & 0 \\
0 & -R_1 & 0 & R_3 & 0 & -R_5 \\
0 & -R_1 & -R_2 & R_3 & R_4 & 0
\end{bmatrix}
\cdot
\begin{bmatrix}
I \\
I_1 \\
I_2 \\
I_3 \\
I_4 \\
I_5
\end{bmatrix}
=
\begin{bmatrix}
0 \\
0 \\
0 \\
U_q \\
0 \\
0
\end{bmatrix}
$$

schreiben dürfen. Die Koeffizientenmatrix enthält für die Knotenpunktgleichungen die Konstanten 1, 0 und -1 sowie für die Maschengleichung die auftretenden, mit Vorzeichen behafteten Widerstände R_μ. Nach der Kramerschen Regel (s. Anhang) kann das Gleichungssystem dadurch aufgelöst werden, dass man zur Bestimmung des Stromes $I_\mu = D_\mu/D$ die μ-te Spalte der Koeffizienten-Determinante D durch die Spannung der rechten Matrixenseite ersetzt und so eine neue Determinante D_μ bestimmt. Wir erhalten im vorliegenden Fall den Strom $I_5 = D_5/D$ über die Koeffizienten-Determinante

$$D = \begin{vmatrix} -1 & 1 & 0 & 1 & 0 & 0 \\ 0 & -1 & 1 & 0 & 0 & 1 \\ 0 & 0 & 0 & -1 & 1 & -1 \\ 0 & R_1 & R_2 & 0 & 0 & 0 \\ 0 & -R_1 & 0 & R_3 & 0 & -R_5 \\ 0 & -R_1 & -R_2 & R_3 & R_4 & 0 \end{vmatrix}$$

Wir entwickeln (s. Anhang) nach der 1. Spalte und finden

$$D = (-1) \begin{vmatrix} -1 & 1 & 0 & 0 & 1 \\ 0 & 0 & -1 & 1 & -1 \\ R_1 & R_2 & 0 & 0 & 0 \\ -R_1 & 0 & R_3 & 0 & -R_5 \\ -R_1 & -R_2 & R_3 & R_4 & 0 \end{vmatrix}$$

Nun reduzieren wir die 1. Reihe durch Addition bzw. Subtraktion der letzten Spalte und erhalten

$$D = (-1) \begin{vmatrix} -1 & 1 & -1 & 1 \\ R_1 & R_2 & 0 & 0 \\ -(R_1 + R_5) & R_5 & R_3 & 0 \\ -R_1 & -R_2 & R_3 & R_4 \end{vmatrix}$$

Wir reduzieren nochmals in analoger Weise zur dreireihigen Determinante

$$D = \begin{vmatrix} R_1 & R_2 & 0 \\ -(R_1 + R_5) & R_5 & R_3 \\ (R_4 - R_1) & -(R_2 + R_4) & (R_3 + R_4) \end{vmatrix}$$

die wir nun nach der Regel von Sarrus (s. Anhang) berechnen können. Es ist

$$\begin{aligned} D &= R_1 R_5 (R_3 + R_4) + R_2 R_3 (R_4 - R_1) + R_2 (R_1 + R_5)(R_3 + R_4) \\ &\quad + R_1 R_3 (R_2 + R_4) \\ &= (R_1 + R_2)[R_3 R_4 + R_5 (R_3 + R_4)] + R_1 R_2 (R_3 + R_4) \end{aligned}$$

Jetzt müssen wir noch in der Koeffizienten-Determinante D die letzte Spalte durch den Spannungs-Spaltvektor ersetzen und so erhalten wir die Zähler-Determinante

$$D_5 = \begin{vmatrix} -1 & 1 & 0 & 1 & 0 & 0 \\ 0 & -1 & 1 & 0 & 0 & 0 \\ 0 & 0 & 0 & -1 & 1 & 0 \\ 0 & R_1 & R_2 & 0 & 0 & U_q \\ 0 & -R_1 & 0 & R_3 & 0 & 0 \\ 0 & -R_1 & -R_2 & R_3 & R_4 & 0 \end{vmatrix}$$

Diese Determinante lässt sich sofort über die 1. und 6. Spalte reduzieren auf

$$D_5 = -U_q \begin{vmatrix} -1 & 1 & 0 & 0 \\ 0 & 0 & -1 & 1 \\ -R_1 & 0 & R_3 & 0 \\ -R_1 & -R_2 & R_3 & R_4 \end{vmatrix}$$

Wir addieren die 2. Spalte zur 1. und entwickeln nach der 2. Spalte, findet somit

$$D_5 = -U_q \begin{vmatrix} 0 & -1 & 1 \\ -R_1 & R_3 & 0 \\ -(R_1 + R_2) & R_3 & R_4 \end{vmatrix}$$

oder ausmultipliziert

$$D_5 = U_q[-R_1 R_3 - R_1 R_4 + R_3(R_1 + R_2)]$$
$$= U_q(R_2 R_3 - R_1 R_4)$$

Daher ist der Nullzweigstrom

$$I_5 = \frac{D_5}{D} = \frac{U_q(R_2 R_3 - R_1 R_4)}{(R_1 + R_2)[R_3 R_4 + R_5(R_3 + R_4)] + R_1 R_2(R_3 + R_4)} \qquad (1.29)$$

Übungsaufgaben zu Abschn. 1.5.6 (Lösung im Anhang):

Beispiel 41 Die Schaltung in Abb. 1.26 enthält die Widerstände $R_1 = 0{,}2\ \Omega$ und $R_2 = 0{,}3\ \Omega$ sowie die Quellenspannung $U_{q1} = 12\ V$ und $U_{q2} = 11\ V$, und es fließt der Strom I = 10 A. Die Teilströme I_1 und I_2 sind zu bestimmen.

Abb. 1.26 Netzwerk

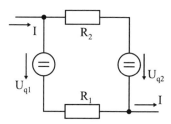

Beispiel 42 In der Schaltung nach Abb. 1.27 mit den Widerständen R_1 = 80 Ω, R_2 = 100 Ω, R_3 = 70 Ω, R_4 = 50 Ω fließen die Ströme I_a = 12 A, I_b = 19 A, I_c = 7 A. Welche Ströme I_1 bis I_4 fließen, wenn die Quellenspannung $U_q = 0$ ist? Wie groß muss U_q werden, wenn der Strom $I_1 = 0$ sein soll?

Beispiel 43 Die Schaltung in Abb. 1.28 enthält die Widerstände $R_1 = 3$ Ω, R_2 = 4 Ω, $R_3 = 5$ Ω und führt die Ströme $I_a = 24$ A, $I_b = 16$ A. Wie groß sind die übrigen Ströme?

Beispiel 44 Das Netzwerk von Abb. 1.29 arbeitet mit den Widerständen R_1 = 2 Ω, $R_2 = 6$ Ω, $R_3 = 3$ Ω, $R_4 = 4$ Ω, den Quellenspannungen U_{q1} = 100 V, U_{q2} = 50 V und den Strömen $I_a = I_b = 10$ A sowie $I_c = I_d = 15$ A. Es sind die Ströme I_1 bis I_4 zu bestimmen.

Abb. 1.27 Netzwerk

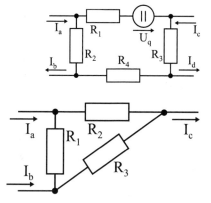

Abb. 1.28 Netzwerk

Abb. 1.29 Netzwerk

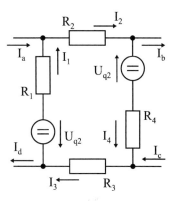

Abb. 1.30 Netzwerk

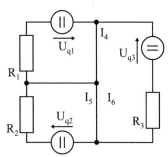

Beispiel 45   Die Schaltung in Abb. 1.30 wiest die Widerstände $R_1 = 2\,\Omega$, $R_2 = 35\,\Omega$, $R_3 = 4\,\Omega$ und die Quellenspannungen $U_{q1} = 10$ V, $U_{q2} = 70$ V, $U_{q3} = 40$ V auf. Alle Ströme sind zu bestimmen.

Beispiel 46   Das Netzwerk von Abb. 1.31 enthält die Widerstände $R_1 = 300\,\Omega$ und $R_2 = 150\,\Omega$ sowie die Quellenspannungen $U_{q1} = 120$ V, $U_{q2} = 60$ V, $U_{q3} = 90$ V. Wie groß sind die Ströme?

Beispiel 47   Zwei Spannungsquellen mit den Quellenspannungen $U_{q1} = U_{q2} = 110$ V und den Innenwiderständen $R_1 = 0{,}095\,\Omega$ und $R_2 = 0{,}11\,\Omega$ speisen nach Abb. 1.32 über die Leistungswiderstände $R_4 = 1{,}5\,\Omega$ und $R_5 = 2{,}25\,\Omega$ den Strom $I_3 = 15$ A in den Verbraucher R_3. Wie groß sind die Ströme I_1 und I_2 und der Widerstand R_3?

Abb. 1.31 Netzwerk

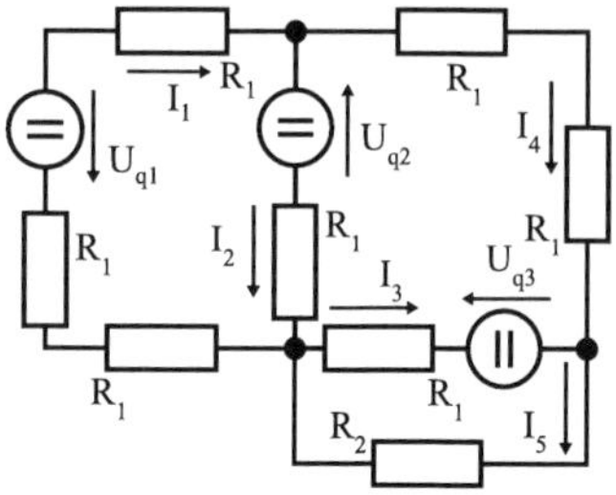

Abb. 1.32 Netzwerk

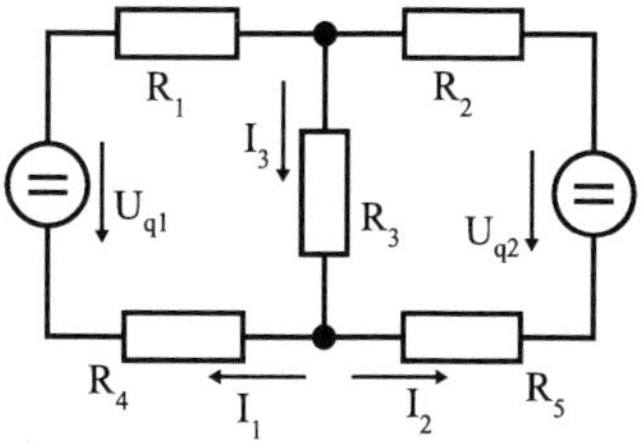

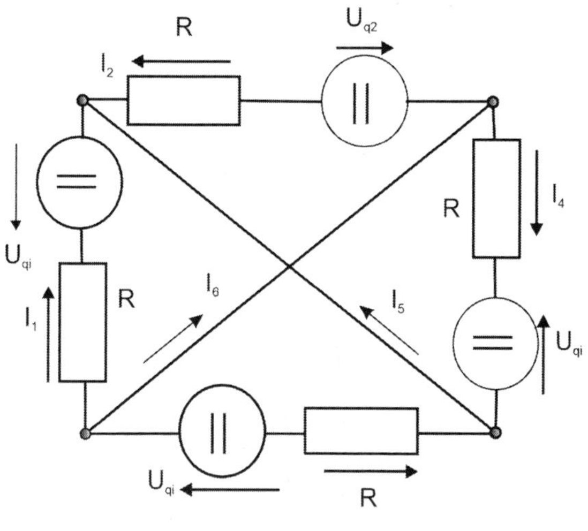

Abb. 1.33 Netzwerk

Beispiel 48   Das Netzwerk in Abb. 1.33 enthält die Widerstände $R = 10\ \Omega$ und die Quellenspannungen $U_{q1} = 50$ V und $U_{q2} = 100$ V. Alle Ströme sind zu bestimmen.

Abb. 1.34 Netzwerk

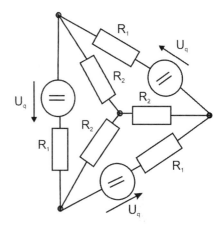

Beispiel 49 Drei Spannungsquellen mit der Quellenspannung $U_q = 230$ V liegen nach Abb. 1.34 in einem Netzwerk mit den Widerständen $R_1 = 1$ $k\Omega$ und $R_2 = 5$ $k\Omega$. Wie groß sind die Ströme I_1 und I_2?

Für weitere Beispiele s. [6, 8, 9, 11].

1.6 Zusammenfassung

Dieses Buch behandelt das Thema „Gleichstromtechnik" der allgemeinen Elektrotechnik. Im ersten Abschnitt werden die Grundgesetze der elektrischen Strömung in elektrischen Leitern behandelt. Durch Ladungsträger können das Wesen des Stromes und der elektrischen Spannung beschrieben werden.

Insbesondere werden die Themen der physikalischen, elektrotechnischen Größen und Einheiten, Gleichstrom, Ohmsches Gesetz, Kirchhoffsche Gesetze, elektrischer Widerstand, einfache Stromkreise, Serien- und Parallelschaltungen, Arbeit und Leistung behandelt und vertieft. Die Bedeutung der mathematischen Grundkenntnisse und die Grundlagen der linearen Gleichungssysteme werden hervorgehoben.

In diesem Teil des Buches sind viele Beispiele, die Fragestellungen, die Lösungen und die Berechnungsmethodik für das Selbststudium aufgezeigt und zusammengestellt. Die Aufgaben sollten zuerst selbstständig gelöst werden. Nur bei Schwierigkeiten ist der Lösungsweg heranzuziehen.

Literatur

1. A. Fuhrer, K. Heidemann, W. Nerreter, Grundgebiete der Elektrotechnik, Band 3 (Aufgaben), Carl Hanser Verlag, 2008
2. Nelles, Dieter; Nelles Oliver: Grundlagen der Elektrotechnik zum Selbststudium (Set), Set bestehend aus: Band 1: Gleichstromkreise, 2., neu bearbeitete Auflage 2022, 280 Seiten, Din A5, Festeinband ISBN 978-3-8007-5640-7, E-Book: ISBN 978-3-8007-5641-4
3. Haug, A.: Grundzüge der Elektrotechnik, München 1975
4. Höhnle, A.: Elektrotechnik mit dem Taschenrechner, Stuttgart 1981
5. Lange, D.: Algorithmen der Netzwerkanalyse für programmierbare Taschenrechner (HP 41C), Braunschweig 1981
6. Lunze, K.: Einführung in die Elektrotechnik, Heidelberg 1978
7. Lunze: Berechnung elektrischer Stromkreise, Heidelberg 1974
8. Pregla, R.: Grundlagen der Elektrotechnik, Heidelberg 1979–1980
9. Vaske, P.: Elektrotechnik mit BASIC-Rechnern (SHARP), Stuttgart 1984
10. Frohne, H; Löchner, K.-H.; Müller, H.: Grundlagen der Elektrotechnik. B.G. Teubner, Stuttgart
11. Lunze, K.: Berechnung elektrischer Stromkreise. Verlag Technik, Berlin Springer Verlag, Berlin/Heidelberg/New York
12. Weißgerber, W.: Elektrotechnik für Ingenieure Band 1: Gleichstromtechnik und Elektromagnetisches Feld, Vieweg Verlag, 7. Auflage, 2007

Weiterführende Literatur

13. Moeller, F.; Fricke, H.; Frohne, H.; Vaske, P.: Grundlagen der Elektrotechnik, ISBN 978-3834808981 Stuttgart 2011
14. Fricke, H., Vaske, P.: Elektrische Netzwerke, Stuttgart 1982
15. Bosse, G.: Grundlagen der Elektrotechnik. Mannheim 1966–1978 H., Einführung in die Elektrotechnik, Stuttgart 1977–1979
16. Altmann, S.; Schlayer, D: Lehr- und Übungsbuch Elektrotechnik. Fachbuchverlag Leipzig im Carl-Hanser Verlag, 4. Auflage, 2008
17. Führer, A; Heidemann, K.; u. a.: Grundgebiete der Elektrotechnik. Band 2: zeitabhängige Vorgänge, Carl Hanser Verlag
18. Hagmann, G.: Grundlagen der Elektrotechnik. AULA-Verlag Wiesbaden
19. Hagmann, G.: Aufgabensammlung zu den Grundlagen der Elektrotechnik. AULA-Verlag Wiesbaden
20. Lunze, K.; Wagner, W.: Einführung in die Elektrotechnik (Arbeitsbuch) Hüthig Verlag, Heidelberg
21. Marinescu, M.: Gleichstromtechnik. Grundlagen und Beispiele. Vieweg Verlag
22. Vömel, M.; Zastrow, D.: Aufgabensammlung Elektrotechnik. Band 1: Gleichstrom und elektrisches Feld, Vieweg Verlag, 4. Auflage, 2006
23. Zastrow, D.: Elektrotechnik Vieweg Verlag, 16. Auflage, 2006

Berechnung von Schaltungen

2

Wir wollen nun den in Kap. 1 dargestellten Grundgesetzen zunächst einfachere Stromkreise betrachten und ihre Eigenschaften kennenlernen. Anschließend werden wir die für einfachere verzweigte Stromkreise entwickelten Berechnungsverfahren untersuchen und zum Schluss die allgemeineren Verfahren für lineare Maschennetze behandeln.

2.1 Zusammenwirken von Quelle und Verbraucher

Wichtige Bestandteile unverzweigter Stromkreise sind Quellen und Verbraucher. Zunächst müssen wir daher die Eigenschaften der Quellen und die Gesetze der Energieübertragung von der Quelle auf den Verbraucher untersuchen. Hierbei sollen auch nichtlineare Schaltungselemente betrachtet werden.

2.1.1 Eigenschaften von Quellen

Eine Quelle, die nach Abb. 2.1 durch einen äußeren, veränderbaren Widerstand R_a belastet wird, zeigt bei $R_a = \infty$, d. h. im **Leerlauf,** die **Leerlaufspannung** U_l bei dem Leerlaufstrom $I_l = 0$. Für $R_a = 0$, d. h. im **Kurzschluss,** führt sie gegen den **Kurzschlussstrom** I_k bei der Kurzschlussspannung $U_k = 0$. Derartige Grenzbelastungsbetrachtungen sind ganz allgemein in der Elektrotechnik üblich, da sie den Übergang auf den Zwischenbereich der normalen Belastung sehr erleichtern können.

© Der/die Herausgeber bzw. der/die Autor(en), exklusiv lizenziert an Springer-Verlag GmbH, DE, ein Teil von Springer Nature 2025
I. Kasikci, *Gleichstromschaltungen*,
https://doi.org/10.1007/978-3-662-70037-2_2

Abb. 2.1 Quelle G mit
Verbraucher R_a

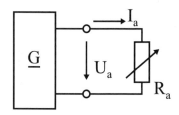

Spannungsquelle Wenn wir voraussetzen, dass die **Spannungsquelle** eine konstante **Quellenspannung** U_q liefert, die im Leerlauf als Leerlaufspannung U_1 wirksam ist, muss der **innere Widerstand** der Quelle

$$R_i = U_q / I_k \qquad (2.1)$$

den Kurzschlussstrom I_k begrenzen und die **Ersatzschaltung** von Abb. 2.2 gelten.
Diese Ersatzschaltung stimmt mit unseren normalen Vorstellungen von Generator
und Batterie überein und wird z. B. auch schon in den Beispielen 39, 41, 42 und 44
bis 49 zugrundegelegt.

Stromquelle Rein formal kann man die Quelle G in Abb. 2.1 aber ebenso gut als
Stromquelle mit der Ersatzschaltung nach Abb. 2.3 und dem konstanten **Quellenstrom** I_q, der im Kurzschluss als Kurzschlussstrom I_k an den Klemmen auftritt,
auffassen. Auch hier muss der innere Widerstand R_i, allerdings parallel zur idealen
Stromquelle, wirksam sein. Die ideale Stromquelle ist hier durch einen zweifach

Abb. 2.2 Spannungsquelle
G mit Verbraucher R_a

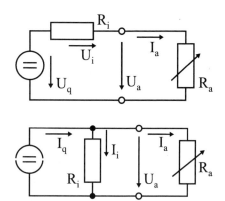

Abb. 2.3 Stromquelle G
mit Verbraucher R_a

unterbrochenen Kreis symbolisiert, was andeuten soll, dass sie selbst einen unendlich großen Innenwiderstand aufweist.

Spannungsquelle und Stromquelle verhalten sich wieder dual, was auch in ihrer Ersatzschaltungen zum Ausdruck kommt. Für die Belastung erhalten wir dann folgende dualen Zusammenhänge, wenn wir bei der Spannungsquelle den Maschensatz und die Spannungsteilerregel und bei der Stromquelle den Knotenpunktsatz und die Stromteilerregel anwenden:

Spannungsquelle:

$$U_q = U_i + U_a = R_i I_a + R_a I_a$$
$$= (R_i + R_a) I_a \tag{2.2}$$

$$I_a = \frac{U_q}{R_i + R_a} \tag{2.3}$$

$$U_a = \frac{R_a}{R_i + R_a} U_q \tag{2.4}$$

Stromquelle

$$I_q = I_i + I_a = G_i U_a + G_a U_a \tag{2.5}$$

$$I_q = (G_i + G_a) U_a \tag{2.6}$$

$$U_a = \frac{I_q}{G_i + G_a} \tag{2.7}$$

$$I_a = \frac{G_a}{G_i + G_a} I_q \tag{2.8}$$

Auch hier zeigt sich wieder, dass Gl. 2.2 und 2.6 sowie 2.3 und 2.7 bzw. 2.4 und 2.8 dual zueinander sind.

2.1.2 Kennlinienfelder

Die Klemmenspannung U_a des Verbrauchers R_a in Abb. 2.2 ist gleichzeitig Klemmenspannung der Quelle. Sie ist nach Gl. 2.2

$$U_a = U_q - R_i I_a \tag{2.9}$$

und folgt somit, wenn Quellenspannung U_q und Innenwiderstand R_i konstant sind, also lineare Verhältnisse vorliegen, der Gleichung einer Geraden, die in Abb. 2.4 als Quellenkennlinie dargestellt ist. Sie schneidet die Achsen bei der Leerlaufspannung $U_l = U_q$ und dem Kurzschlussstrom $I_k = U_q/R_i$. Ihre Steigung ergibt sich also

Abb. 2.4 Quellen- und
Widerstandskennlinien für
Spannungsquelle

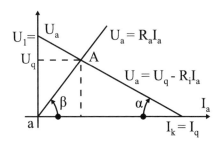

mit den Maßstäben für den Strom m_I bzw. die Spannung m_U aus

$$\tan\alpha = \frac{-U_l}{I_k}\cdot\frac{m_I}{m_U} = -R_i = \frac{m_I}{m_U} = \frac{-1}{G_i}\cdot\frac{m_I}{m_U} \tag{2.10}$$

Gleichzeitig muss auch mit dem äußeren Widerstand R_a die Klemmenspannung der Widerstandskennlinie

$$U_a = R_a I_a \tag{2.11}$$

mit der Steigung

$$\tan\beta = \frac{U_a}{I_a}\cdot\frac{m_I}{m_U} = R_a\frac{m_I}{m_U} = \frac{1}{G_a}\cdot\frac{m_I}{m_U} \tag{2.12}$$

genügen.

Der Arbeitspunkt, auf den sich die Schaltung mit Strom I_a und Spannung U_a somit nur einstellen kann, ist dann auch durch den Schnittpunkt von Quellenkennlinie und Widerstandskennlinie festgelegt. In Abb. 2.5 ist noch dargestellt, wie sich Änderungen der Parameter Quellenspannung U_q, Innenwiderstand R_i und Belastungswiderstand R_a auf den Kennlinienverlauf auswirken.

Bei der Stromquelle als dualer Ersatzschaltung der Spannungsquelle bietet sich eine Darstellung nach Abb. 2.6 an. Gegenüber Abb. 2.4 sind die Achsen vertauscht; an der Aussage des Diagramms hat sich aber nichts geändert. Stromquelle und Spannungsquelle verhalten sich also gleich; sie sind somit äquivalent und verhalten sich außerdem dual.

Die Betrachtung mit Kennlinienfeldern hat den Vorteil, dass hiermit sehr anschaulich der Einfluss bestimmter Änderungen im Stromkreis (s. Abb. 2.5) dargestellt werden kann. Sie ist außerdem notwendig, wenn Quelle oder Verbraucher ein nichtlineares Verhalten zeigen, also z. B. bei Röhren, Transistoren und anderen

Abb. 2.5 Einfluss von Quellenspannung U_q (a), Innenwiderstand R_i (b) und äußerem Lastwiderstand R_a (c) auf den Kennlinienverlauf

Abb. 2.6 Quellen- und Widerstandskennlinien für Stromquelle

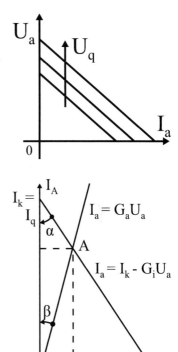

Halbleiterbauelementen, die als nichtlineare Quellen angesprochen werden müssen, oder bei Heiß- oder Kaltleitern als nichtlinearen Verbrauchern.

Abb. 2.7 zeigt die Quellenkennlinie (a) eines selbsterregten Gleichstrom-Nebenschlussgenerators mit Ankerrückwirkung und die Widerstandskennlinie (b) eines Heißleiters (z. B. Glühlampe), dessen Widerstand mit wachsender Spannung U geringer wird. Der Arbeitspunkt A kann nicht mehr einfach mit Abb. 1.31 bis 2.2 unmittelbar gefunden werden, sondern nur noch als Schnittpunkt der beiden Kennlinien in Abb. 2.7.

Beispiel 50 Eine lineare Gleichspannungsquelle zeigt im Leerlauf die Spannung $U_l = 230\ V$ und im Kurzschluss den Strom $I_k = 50\ A$. Wie groß sind Verbrau-

Abb. 2.7 Zusammen-
wirken von
Quellenkennlinie (a) eines
GS-Nebenschlussgenerators
mit Widerstandskennlinie
(b) eine Heißleiters

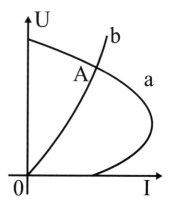

cherstrom I_a und Klemmenspannung U_a, wenn der äußere Widerstand $R_a = 10\,\Omega$
entsprechend Abb. 2.2 angeschlossen wird?

Wir können mit $U_a = 230\,V$ bei $I_a = 0$ und $I_a = 50\,A$ bei $U_a = 0\,V$ die
Quellengerade Qu in Abb. 2.8 zeichnen. Für die Widerstandskennlinie W berechnen
wir mit dem angenommenen Strom $I_a = 10\,A$ die zugehörige Spannung $U_a =
R_a I_a = 10\,\Omega \cdot 10\,A = 100\,V$, so dass mit den beiden Punkten $I_a = 0, U_a = 0$
und $I_a = 10\,A, U_a = 100\,V$ auch die Widerstandsgerade W angegeben werden
kann. Für den Schnittpunkt A finden wir die gesuchten Größen $I_a = 15,75\,A$ und
$U_a = 157,5\,V$.

Abb. 2.8 Kennlinien für
Beispiel 50

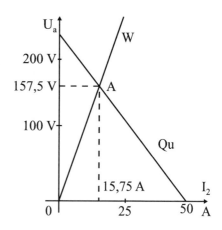

Beispiel 51 An einer Spannungsquelle werden bei dem Strom $I_1 = 0,5\ A$ die Spannung $U_1 = 230\ V$ und bei dem Strom $I_2 = 4,0\ A$ die Spannung $U_2 = 200\ V$ gemessen. Wie groß sind Quellenspannung U_q und Innenwiderstand R_i des Generators?

Für die Quellenspannung gilt nach Gl. 2.2 $U_q = U_1 + R_i I_1 = U_2 + R_i I_2$ und somit für den Innenwiderstand

$$R_i = \frac{U_1 - U_2}{I_2 - I_1} = \frac{230\ V - 200\ V}{4,0\ A - 0,5\ A} = 8,57\ \Omega$$

bzw. die Quellenspannung

$$U_q = U_1 + R_i I_1 = 230\ V + 5,72\ \Omega \cdot 0,5\ A = 234,28\ V$$

Beispiel 52 Eine Stromquelle mit dem Quellenstrom $I_q = 10\ mA$ und dem Innenwiderstand $R_i = 1\ k\Omega$ speist nach Abb. 2.9 einen Spannungsteiler mit den Widerständen $R_1 = 1,6\ k\Omega$ und $R_2 = 2,5\ k\Omega$. Wie groß ist die Spannung U_2?

Mit der Stromteilerregel von Tab. 1.5 erhalten wir den Strom

$$I_2 = I_q \frac{R_i}{R_i + R_1 + R_2} = 10\ mA\ \frac{1\ k\Omega}{1\ k\Omega + 1,5\ k\Omega + 2,5\ k\Omega}$$
$$= 2\ mA$$

und daher die Spannung

$$U_2 = R_2 I_2 = 2,5\ k\Omega \cdot 2\ mA = 5\ V$$

Beispiel 53 Ein selbsterregter, kompensierter (also anker-rückwirkungsfreier) Gleichstrom-Nebenschlussgenerator mit dem Schaltbild 2.10a und der Ersatzschal-

Abb. 2.9 Netzwerk

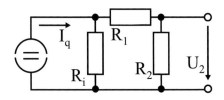

Tab. 2.1 Leerlaufkennlinie und Berechnung der Quellenkennlinie

I_E in A	U_{al} in V	U_q in V	U_E in V	U_i in V	I_A in A	I_a in A
0	8	8	0	8	57,1	57,1
0,5	74	74	30	44	314	313,5
1	132	132,1	60	72,1	515	514
1,5	179	179,2	90	89,1	637	636,5
2	211	211,3	120	91,3	653	651
2,5	230	230,4	150	80,4	574	571,5
3,5	248	248,5	210	38,5	275	271,5
4,6	257	257,7	276			
6,0	261	261,8				
4,25	255	255,6	255	0,6	4,28	0

tung von Abb. 2.10b mit den Innenwiderstand $R_i = 0,14\ \Omega$ und die in Tab. 2.1 angegebene Leerlaufkennlinie $U_{al} = f(I_E)$.

a) Welche Leerlaufspannung U_{al} stellt sich bei dem Erregerkreiswiderstand $R_E = R_{CD} + R_{VE} = 60\ \Omega$ ein?
    Wir zeichnen die mit Tab. 2.1 vorgegebene Leerlaufkennlinie $U_{al} = f(I_E)$ (Abb. 2.11) und die Erregerkennlinie $U_E = R_E I_E$ und finden beim Schnittpunkt dieser beiden Kennlinien bei dem Erregerstrom $I_{El} = 4,25\ A$ die Leerlaufspannung $U_{al} = 255\ V$.
b) Die Quellenkennlinie $U_a = f(I_a)$ ist zu bestimmen.
    Mit der Ersatzschaltung in Abb. 2.10b gilt, wie in Abb. 2.11 eingetragen, für die

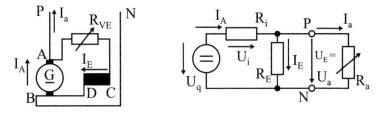

Abb. 2.10 Schaltbild (**a**) und Ersatzschaltung (**b**) des selbsterregten GS-NS-Generators

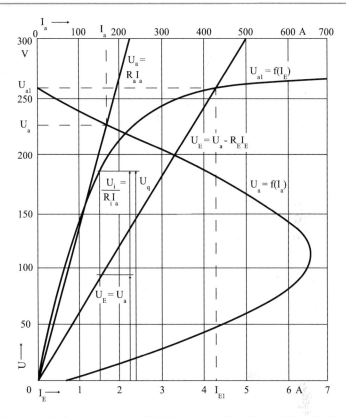

Abb. 2.11 Leerlaufkennlinie $U_{al} = f(I_E)$, Erregerkennlinie $U_E = f(I_E)$, Quellenkennlinie $U_a = f(I_a)$ und Widerstandskennlinie $U_a = R_a I_a$

Quellenspannung $U_q = U_E + U_i$. Mit der gemessenen Leerlaufspannung U_{al} finden wir daher auch über Tab. 2.1 die Quellenspannung $U_q = U_{al} + R_i I_E$, die aber nur unwesentlich von U_{al} abweicht, was auch nit mehr in Abb. 2.11 dargestellt werden kann:

Mit Tab. 2.1 können wir nun den inneren Spannungsabfall $U_i = U_q - U_E$ bestimmen und hieraus den Ankerstrom $I_A = U_i/R_i$ berechnen. Nach Abb. 2.10b ergibt sich dann der Netzstrom $I_a = I_A - I_E$, so dass wir nun auch in Abb. 2.11 die Quellenkennlinie $U_a = f(I_a)$ eintragen können.

c) Für den Verbraucherwiderstand $R_a = 1,33\ \Omega$ sind die zugehörigen Werte von Klemmenspannung U_a und Verbraucherstrom I_a zu bestimmen.

Wir zeichnen in Abb. 2.11 mit z. B. $I_{a1} = 150$ A und $U_{a1} = 1{,}33\ \Omega \cdot 150$ A $=$ 200 V die Widerstandskennlinie $U_a = R_a I_a$ ein und finden so für den Arbeits-punkt $U_a = 229$ V und $I_a = 173$ A.

2.1.3 Leistungspannung

In der Energietechnik soll meist die Energie möglichst verlustarm, d. h. mit optima-lem Wirkungsgrad, auf den Verbraucher übertragen werden. Daher müssen hierfür alle Widerstände, die nur Verluste versuchen, im Verhältnis zum Verbraucherwider-stand R_a so klein, wie wirtschaftlich möglich, gemacht werden.

In der **Nachrichtentechnik** muss dagegen eine Information unverfälscht vom Sender zum Empfänger gelangen. Daher muss die größtmögliche Leistung übertra-gen werden. Man spricht daher von Leistungsanpassung, da hierfür Innenwiderstand und Außenwiderstand einer bestimmten Bedingung genügen muss.

Anpassungsbedingung Mit dem Strom $I_a = U_q/(R_i + R_a)$ wird dem Verbraucher R_a in Abb. 2.2 die **Nutzleistung**

$$P_a = I_a^2\, R_a = U_q^2\, R_a/(R_i + R_a)^2 \qquad (2.13)$$

zugeführt. Sie verschwindet für $R_a = 0$ (Kurzschluss) und $R_a = \infty$ (Leerlauf) und hat offenbar im Belastungsbereich ein Maximum P_{amax}. Um den zu P_{amax} gehörenden optimalen Verbraucherwiderstand R_{amax} zu erhalten, muss man den Differentialquotienten

$$\frac{dP_a}{dR_a} = U_q^2\, \frac{(R_i + R_a)^2 - 2\, R_a(R_i + R_a)}{(R_i + R_a)^4}$$

bilden und gleich Null setzen. Mit $(R_i + R_a)^2 - 2\, R_a(R_i + R_a) = 0$ ergibt sich daher die Anpassungsbedingung

$$R_{amax} = R_i \qquad (2.14)$$

Wirkungsgrad In der Quelle muss die Quellenleistung

$$P_q = U_q^2/(R_i + R_a)$$

erzeugt werden, so dass man mit Gl. 2.13 den Widerstand

$$\eta = \frac{P_a}{P_q} = \frac{R_a}{R_i + R_a} = \frac{R_a/R_i}{1 + R_a/R_i} = \frac{U_a}{U_{amax}} \qquad (2.15)$$

findet. Er hängt also nur vom Widerstandsverhältnis R_a/R_i ab und ist in Abb. 2.12 dargestellt. Für den Fall der Anpassung erhält man daher den Wirkungsgrad $\eta = 0{,}5$. Im Leerlauf (also $R_a = \infty$) erhält man die größtmögliche Verbraucherspannung $U_{amax} = U_l = U_q$, während allgemein die Spannungsteilerregel $U_a/U_q = R_a/(R_i + R_a)$ anzuwenden ist. Für diesen Spannungsverhältnis U_a/U_{amax} gilt daher auch Gl. 2.15.

Ausnutzungsgrad In der Quelle wird im Kurzschluss mit dem Kurzschlussstrom $I_k = U_q/R_i$ die **Kurzschlussleistung**

$$P_k = U_q\, I_k = U_q^2/R_i$$

als größtmögliche Leistung erzeugt. Es ist daher sinnvoll, mit Gl. 2.13 den Ausnutzungsgrad

$$\epsilon = \frac{P_a}{P_k} = \frac{R_a R_i}{(R_i + R_a)^2} = \frac{R_a/R_i}{(1 + R_a/R_i)^2} \qquad (2.16)$$

einzuführen. Er ist ebenfalls abhängig vom Widerstandsverhältnis R_a/R_i und in Abb. 2.12 dargestellt.

Abb. 2.12 Wirkungsgrad η, Ausnutzungsgrad ϵ, Leistungsverhältnis P_a/P_{amax}, Spannungsverhältnis U_a/U_{amax}, Stromverhältnis I_a/I_{amax}, Reflexionsfaktor r und Leistungsverlustverhältnis P_v/P_{amax} als Funktion des Widerstandsverhältnisses R_a/R_i

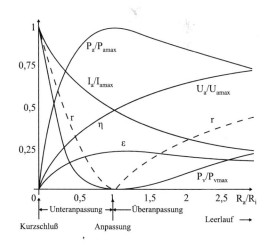

Die maximal erreichbare Verbraucherleistung beträgt $P_{amax} = U_q^2/(4\,R_i) = P_k/4$. für das Leistungsverhältnis gilt daher

$$\frac{P_a}{P_{amax}} = 4\,\frac{P_a}{P_k} = 4\,\epsilon \tag{2.17}$$

Wenn man für die Anpassung von der Ersatzschaltung in Abb. 2.3 mit der Stromquelle ausgeht, kann man für diese Verhältnisse durch Anwendung der Stromteilerregel sofort das Stromverhältnis

$$\frac{I_a}{I_{amax}} = \frac{I_a}{I_q} = \frac{R_i}{R_i + R_a} = \frac{1}{1 + R_a/R_i} \tag{2.18}$$

angeben. Es ergänzt sich mit dem Spannungsverhältnis nach Gl. 2.16 zu 1.

Für das $R_a \neq R_i$ spricht man von Fehlanpassung, für $R_a < R_i$ von Unteranpassung oder wegen des hier größeren Stromverhältnisses I_a/I_{amax} von Stromanpassung und entsprechend für $R_a > R_i$ von Überanpassung oder Spannungsanpassung.

Reflexionsfaktor Die Ersatzschaltung mit der Stromquelle erleichtert auch noch die folgende Vorstellung: Im Anpassungsfall gilt für die Ströme $I_a = I_i = I_q/2$. Für die Fehlanpassung kann man sich nun vorstellen, dass ein Teil dieses halben Quellenstroms, nämlich der Strom $I_r = (I_q/2) - I_a$, am äußeren Widerstand R_a reflektiert, also zurückgewiesen und in den Innenwiderstand R_i abgeleitet wird. Mit dem Strom

$$I_a = I_q\,\frac{R_i}{R_i + R_a}$$

erhalten wir daher

$$I_r = \frac{I_q}{2} - I_q\,\frac{R_i}{R_i + R_a} = \frac{I_q}{2}\cdot\frac{R_a - R_i}{R_i + R_a}$$

bzw. den Reflexionsfaktor

$$r = \left|\frac{I_r}{I_q/2}\right| = \left|\frac{R_a - R_i}{R_i + R_a}\right| = \left|\frac{R_a/R_i - 1}{R_a/R_i + 1}\right| \tag{2.19}$$

der wieder in Abb. 2.12 dargestellt ist. Gegenüber der bei Anpassung auftretenden maximalen Verbraucherleistung P_{amax} tritt dann ein Leistungsverlust $P_v = P_{amax} - P_a$ auf. Daher gilt mit Gl. 2.17 und 2.16 für das Leistungsverlustverhältnis

$$\frac{P_v}{P_{amax}} = \frac{P_{amax} - P_a}{P_{amax}} = 1 - \frac{P_a}{P_{amax}} = 1 - 4\,\epsilon$$

$$= 1 - \frac{4\,R_a/R_i}{(1 + R_a/R_i)^2} = \left(\frac{R_a/R_i - 1}{R_a/R_i + 1}\right) = r^2 \qquad (2.20)$$

Wie Abb. 2.12 zeigt, wächst der durch Fehlanpassung verursachte Leistungsverlust P_v bei Überanpassung nur geringfügig, während er bei Unteranpassung schneller größer wird. Daher kann man in der Nachrichtentechnik eine gewisse Fehlanpassung meist in Kauf nehmen.

Beispiel 54 Für die in Beispiel 50 behandelte Schaltung sind maximale Vebrauchsleistungen P_{amax}, Wirkungsgrad η, Ausnutzungsgrad ϵ, Reflexionsfaktor r und Leistungsverhältnis P_v/P_{amax} zu bestimmen.

Mit Quellenspannung $U_q = U_1 = 230$ V und Kurzschlussstrom $I_k = 50$ A erhalten wir die höchste Verbraucherleistung

$$P_{amax} = \frac{P_k}{4} = \frac{U_q I_k}{4} = \frac{230 \text{ V} \cdot 50 \text{ A}}{4} = 2875 \text{ W}$$

Da der innere Widerstand $R_i = U_q/I_k = 230$ V$/50$ A $= 4{,}6\ \Omega$ vorhanden ist, beträgt mit dem äußeren Widerstand $R_a = 10\ \Omega$ und dem Widerstandsverhältnis $R_a/R_i = 10\ \Omega/4{,}6\ \Omega = 2{,}175$ nach Gl. 2.15 der Widerstand

$$\eta = \frac{R_a/R_i}{1 + R_a/R_i} = \frac{2{,}275}{1 + 2{,}175} = 0{,}685$$

Nach Gl. 2.16 ist der Ausnutzungsgrad

$$\epsilon = \frac{\eta}{1 + R_a/R_i} = \frac{0{,}685}{1 + 2{,}175} = 0{,}216$$

und nach Gl. 2.19 der Reflexionsfaktor

$$r = \left|\frac{R_a/R_i - 1}{R_a/R_i + 1}\right| = \left|\frac{2{,}175 - 1}{2{,}175 + 1}\right| = 0{,}37$$

sowie nach Gl. 2.20 das Leistungsverlustverhältnis

$$P_v/P_{amax} = r^2 = 0{,}37^2 = 0{,}1365$$

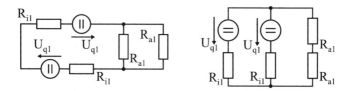

Abb. 2.13 Schaltung von 2 Quellen und 2 Verbrauchern für Anpassung (**a**) und optimalen Wirkungsgrad (**b**)

Beispiel 55   Zwei Akkuzellen mit Quellenspannung $U_{q1} = 2$ V und Innenwiderstand $R_{i1} = 0,05\ \Omega$ sollen auf zwei Widerstände $R_{a1} = 0,2\ \Omega$ a) die größtmögliche Leistung P_{amax} übertragen bzw. b) mit dem besten Wirkungsgrad η_{max} arbeiten. Welche Schaltungen muss man hierfür vorsehen, und welche Verbraucherleistung P_a werden dann mit welchem Wirkungsgrad η erzeugt?

Zu a) Die größtmögliche Verbraucherleistung P_{amax} wird für Anpassung erreicht. Hierfür muss $R_a = R_i$ mit der Schaltung nach Abb. 2.13a verwirklicht werden. Infolge der Reihenschaltung der Quellen erhält man $U_q = 2\,U_{q1} = 2 \cdot 2$ V $= 4$ V und $R_i = 2\,R_{i1} = 2 \cdot 0,05\ \Omega = 0,1\ \Omega$. Der resultierende Außenwiderstand beträgt $R_a = R_{a1}/2 = 0,2\ \Omega/2 = 0,1\ \Omega$. Die Verbraucherleistung ist dann $P_{amax} = U_q^2/(4\,R_i) = 4^2 v^2/(4 \cdot 0,1\ \Omega) = 40$ W und der Wirkungsgrad $\eta = 0,5$.

Zu b) Den optimalen Wirkungsgrad η_{max} erzielt man nach Abb. 2.12, wenn $R_i << R_a$ ist, also mit einer Schaltung nach Abb. 2.13b. Hier sind resultierender Innenwiderstand $R_i = R_{i1}/2 = 0,05\ \Omega/2 = 0,025\ \Omega$ und resultierender Außenwiderstand $R_a = 2\,R_{a1} = 2 \cdot 0,2\ \Omega = 0,4\ \Omega$ sowie Quellenspannung $U_q = U_{q1} = 2$ V. Es fließt also der Verbraucherstrom $I_a = U_q/(R_i + R_a) = 2$ V $/(0,025\ \Omega + 0,4\ \Omega) = 4,71$ A. Daher wird in der Quelle die Leistung $P_q = I_a\,U_q = 4,71$ A $\cdot 2$ V $= 9,42$ W erzeugt und an den Verbraucher die Leistung $P_a = I_a^2 R_a = 4,71^2$ A$^2 \cdot 0,4\ \Omega = 8,84$ W abgegeben, so dass der Wirkungsgrad $\eta = P_a/P_q = 8,84$ W$/9,42$ W $= 0,938$ auftritt.

2.2   Verzweigte Stromkreise

Wir wollen nun einige verzweigte Stromkreise betrachten und besondere Berechnungsverfahren für sie kennenlernen.

2.2.1 Netzumformung

Der Widerstand zwischen den Klemmen a und b des Netzwerks in Abb. 2.14 lässt sich mit den Gesetzen für Parallel- und Reihenschaltung nicht einfach bestimmen, obwohl z. B. diese Aufgabe mit den Kirchhoffschen Gesetzen grundsätzlich auch lösbar ist. Diese Netzwerk kann man aber als Zusammenschaltung von Stren- und Dreieckschaltungen auffassen, die gegenseitig ineinander umgerechnet werden dürfen. Mit solchen äquivalenten, also im Verhältnis gleichwertigen Schaltungen müssen wir uns jetzt befassen.

Wir betrachten Sternschaltung und Dreieckschaltung mit Abb. 2.15. Wenn sie äquivalent sein sollen, müssen jeweils die wirksamen Widerstände zwischen den Klemmen gleich sein. Es gilt also für die Widerstände zwischen den Klemmen

$$a - b : \qquad \frac{R_{ab}(R_{bc} + R_{ca})}{R_{ab} + R_{bc} + R_{ca}} = R_a + R_b$$

$$b - c : \qquad \frac{R_{bc}(R_{ca} + R_{ab})}{R_{ab} + R_{bc} + R_{ca}} = R_b + R_c$$

$$c - a : \qquad \frac{R_{ca}(R_{ab} + R_{bc})}{R_{ab} + R_{bc} + R_{ca}} = R_c + R_a$$

Abb. 2.14 Netzwerk

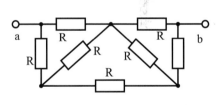

Abb. 2.15 Dreiecks-breakchaltung (**a**) und Strenschaltung (**b**)

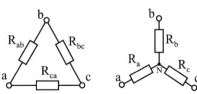

Hieraus erhält man, wenn man 1. und 2. Gleichung addiert und 3. Gleichung hiervon subtrahiert, müssen die obigen Gleichungen nach den entsprechenden Dreieckschaltungswiderständen R_{ab}, R_{bc} und R_{ca} aufgelöst werden.

Für die Umwandlung einer Dreieckschaltung in eine äquivalente Sternschaltung gilt daher allgemein

$$R_a = \frac{R_{ab}R_{ca}}{R_{ab} + R_{bc} + R_{ca}} \tag{2.21}$$

$$G_a = G_{ab} + G_{ca} + \frac{G_{ab}G_{ca}}{G_{bc}} \tag{2.22}$$

Den Sternschaltungswiderstand R_k zwischen den Knotenpunkten k und N erhält man also, wenn man das Produkt der am Knoten k liegenden Dreieckschaltungswiderstände durch die Summe aller Dreieckschaltungswiderstände dividiert.

Analog findet man für die Umwandlung einer Sternschaltung in eine äquivalente Dreieckschaltung

$$R_{ab} = R_a + R_b + \frac{R_a R_b}{R_c} \tag{2.23}$$

$$G_{ab} = \frac{G_a G_b}{G_a + G_b + G_c} \tag{2.24}$$

Den Dreieckschaltungsleitwert G_{ik} zwischen den Knotenpunkten i und k erhält man daher, wenn man das Produkt der an den Knoten i und k liegenden Sternschaltungsleitwerte durch die Summe aller Sternschaltungsleitwerte dividiert. Weitere Bestimmungsgleichungen ergeben sich jeweils durch zyklische Vertauschung der Indizes.

Da bei der Umwandlung einer Dreieckschaltung in eine Sternschaltung eine Masche durch einen Knotenpunkt ersetzt wird (und umgekehrt), zeigen Stern- und Dreieckschaltung wieder ein duales Verhalten: Gl. 2.21 und 2.23 sowie 2.22 und 2.24 haben wieder einen jeweils gleichen Aufbau; es sind lediglich Widerstand und Leitwert gegeneinander vertauscht.

Wenn die Sternschaltungswiderstände R_Y untereinander gleich groß sind, verlangen sie in der äquivalenten Dreieckschaltung auch untereinander gleich große Dreieckschaltungswiderstände $R_\triangle$, und es gilt

$$R_\triangle = 3 R_Y \tag{2.25}$$

Beispiel 56 Für Vierpole (im Gegensatz zu Zweipolen haben sie 4 Anschlussklemmen) kennt man T-Schaltung und Π-Schaltung nach Abb. 2.16. Die T-Schaltung mit den Widerstände $R_a = R_b = 2\,k\Omega$ und $R_c = 5\,k\Omega$ ist in die äquivalente Π-Schaltung umzurechnen.

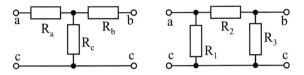

Abb. 2.16 Vierpol in T-Schaltung (**a**) und Pi-Schaltung (**b**)

Die T-Schaltung stellt eine Sternschaltung, die Π-Schaltung eine Dreieckschaltung dar. Daher gilt mit Gl. 2.23 für das Widerstände der Π-Schaltung

$$R_1 = R_a + R_c + \frac{R_a R_c}{R_b} = 2\,k\Omega + 5\,k\Omega + \frac{2\,k\Omega \cdot 5\,k\Omega}{2\,k\Omega}$$

$$= 12\,k\Omega = R_3$$

$$R_2 = R_a + R_b + \frac{R_a R_b}{R_c} = 2\,k\Omega + 2\,k\Omega + \frac{2\,k\Omega \cdot 2\,k\Omega}{5\,k\Omega} = 4,8\,k\Omega$$

Beispiel 57 Die Schaltung in Abb. 2.14 enthält die Widerstände R = 1,2 kΩ. Wie groß ist der Widerstand zwischen den Klemmen a und b?

Wir formen die unmittelbar an den Klemmen a und b liegenden Widerstandsdreiecke in Widerstandssterne mit den Widerständen

$$R_Y = R_\Delta/3 = 1,2\,k\Omega/3 = 0,4\,k\Omega$$

um und können nun leicht anhand der Ersatzschaltung von Abb. 2.17 den Gesamtwiderstand der Reihen-Parallelschaltung

$$R_{ab} = 2\,R_Y + \frac{2\,R_Y(2\,R_Y + R)}{4\,R_Y + R}$$

$$= 2 \cdot 0,4\,k\Omega + \frac{2 \cdot 0,4\,k\Omega(2 \cdot 0,4\,k\Omega + 1,2\,k\Omega)}{4 \cdot 0,4\,k\Omega + 1,2\,k\Omega} = 1,372\,k\Omega$$

bestimmen.

Übungsaufgaben zu Abschn. 2.2.1 (Lösung im Anhang):

Beispiel 58 Das Netzwerk in Abb. 2.18 besteht aus den Widerständen $R_1 = R_5 = 14\,\Omega$, $R_2 = 7\,\Omega$, $R_3 = 84\,\Omega$, $R_4 = 56\,\Omega$. Wie groß ist die Spannung U_4, wenn es an die Spannung U = 230 V gelegt wird?

Abb. 2.17 Umgeformtes
Netzwerk von Abb. 2.14

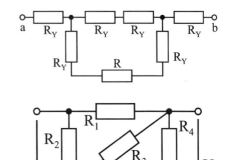

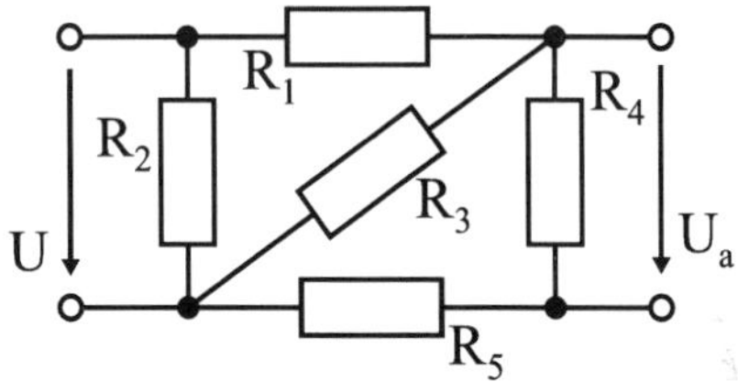

Abb. 2.18 Netzwerk

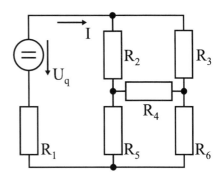

Beispiel 59 Die Brückenschaltung in Abb. 2.19 enthält die Widerstände $R_1 = R_3 = 12\ \Omega$, $R_2 = 8\ \Omega$, $R_4 = R_5 = 20\ \Omega$, $R_6 = 10\ \Omega$ und die Quellenspannung $U_q = 120$ V. Wie groß ist der Strom I?

Beispiel 60 Das Netzwerk von Abb. 2.20 liegt an der Spannung $U_1 = 100$ V und enthält die Widerstände R = 1 kΩ. Wie groß ist die Spannung U_2?

2.2.2 Überlagerungsgesetz

Immer wenn eine **Wirkung linear von ihrer Ursache** abhängt, in einem umfangreichen Netzwerk also ein System von linearen Gleichungen das Verhalten beschreibt,

Abb. 2.19 Brücken-
schaltung

Abb. 2.20 Netzwerk

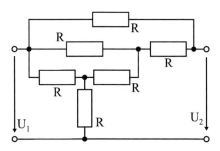

dürfen die einzelnen Einflussgrößen nacheinander getrennt betrachtet werden. Dadurch erspart man sich die Auflösung eines Gleichungssystems mit vielen Unbekannten, sondern erhält vielmehr die unbekannten Ströme durch eine einfache Überlagerung, d. h. durch eine Addition der mit Vorzeichen behafteten Teilströme.

Ein Netzwerk mit mehreren Quellen wird bei Anwendung des Überlagerungsgesetzes nacheinander jeweils für den Fall berechnet, dass nur eine Quelle wirksam ist. Alle übrigen idealen Spannungsquellen werden als spannungslos (bzw. kurzgeschlossen), alle übrigen idealen Stromquellen dagegen als stromlos (bzw. geöffnet) angesehen, während die zugehörigen inneren Widerstände natürlich wirksam bleiben.

Wenn n Quellen auftreten, müssen auch n Rechnungen vorgenommen werden, die für jeden Zweig n Teilströme liefern. Der tatsächliche Zweigstrom ergibt sich dann als Summe der Teilströme, wobei die Stromrichtung natürlich streng zu beachten ist.

Beispiel 61   Für die Schaltung in Abb. 1.24 und die Werte von Beispiel 39 ist der Strom I_a mit dem Überlagerungsverfahren zu bestimmen.

Für die Schaltung in Abb. 2.21a erhält man mit dem Gesamtwiderstand

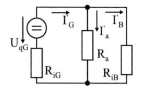 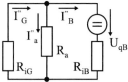

Abb. 2.21 Auflösung der Schaltung in Abb. 1.24 in zwei überlagerte Schaltungen (**a** und **b**)

$$P' = R_{iG} + \frac{R_a R_{iB}}{R_a + R_{iB}} = 0,55\ \Omega + \frac{0,6\ \Omega \cdot 0,006\ \Omega}{0,6\ \Omega + 0,006\ \Omega} = 0,556\ \Omega$$

den Strom $I' = U_{qG}/R' = 20\ V/0,556\ \Omega = 36\ A$, der sich in die Ströme I'_a und I'_B aufteilt. Die Stromteilerregel liefert den Teilstrom

$$I'_a = I' \frac{R_{iB}}{R_a + R_{iG}} = 36\ A\ \frac{0,006\ \Omega}{0,6\ \Omega + 0,006\ \Omega} = 0,357\ A$$

Analog finden wir für Abb. 2.21b

$$R'' = R_{iB} + \frac{R_a R_{iG}}{R_a + R_{iG}} = 0,006\ \Omega + \frac{0,6\ \Omega \cdot 0,55\ \Omega}{0,6\ \Omega + 0,55\ \Omega} = 0,293\ \Omega$$

$$I''_B = U_{qB}/R'' = 12,24\ V/0,293\ \Omega = 41,8\ A$$

$$I''_a = I''_B \frac{R_{iG}}{R_a + R_{iG}} = 41,8\ A\ \frac{0,55\ \Omega}{0,6\ \Omega + 0,55\ \Omega} = 19,97\ A$$

Die Überlagerung der beiden Teilströme I'_a und I''_a ergibt (in Übereinstimmung mit Beispiel 39) den gesuchten Strom

$$I_a = I'_a + I''_a = 0,357\ A + 19,97\ A = 20,33\ A$$

Beispiel 62 In der Schaltung nach Abb. 2.22a haben alle Widerstände den Wert R = 100 Ω, und es wirken die Spannungen $U_{q1} = 120\ V$ und $U_{q2} = 200\ V$. Wie groß ist die Spannung U_x?

Die Schaltung in Abb. 2.22b hat den Gesamtwiderstand

$$R' = R + \frac{R(R + R/2)}{R + R + R/2} = 1,6\ R = 1,6 \cdot 100\ \Omega = 160\ \Omega$$

und führt den Strom $I'_1 = U_{q1}/R' = 120\ V/160\ \Omega = 0,75\ A$ bzw. den Teilstrom

$$I'_x = I'_1 \frac{R}{R + R + (R/2)} = I'_1 \cdot \frac{2}{5} = 0,75\ A\ \frac{2}{5} = 0,3\ A$$

Die Quellenspannung U_{q2} muss dann in der Schaltung von Abb. 2.22c wegen der Symmetrie den Strom $I''_X = I'_x\ U_{q2}/U_{q1} = 0,3\ A \cdot 200\ V/120\ V = 0,5\ A$

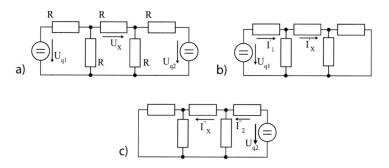

Abb. 2.22 Netzwerk (**a**) mit Auflösung in zwei überlagerte Schaltungen (**b, c**)

(allerdings in entgegengesetzter Richtung) verursachen. Wir erhalten somit den wirklichen fließenden Strom $I_x = I_x' - I_x'' = 0,3\ A - 0,5\ A = -0,2\ A$ und die gesuchte Spannung $U_x = R\ I_x = 100\ \Omega \cdot (-0,2\ A) = -20\ V$.

Beispiel 63 Die in Abb. 2.23a dargestellte Schaltung in Analogrechnern als Summationsstelle eingesetzt und muss dann die Spannungssumme $U_a = k(U_1 + U_2 + U_3)$ bilden. Welche Bedingung müssen die Widerstände R_1, R_2 und R_3 hierfür erfüllen?

Wenn wir die Spannung U_1 nach Abb. 2.23b allein wirken lassen, ist mit der in Abb. 2.23c etwas anders dargestellten Schaltung die Spannung

$$U_a' = U_1 \frac{R_2 R_3/(R_2 + R_3)}{R_1 + R_2 R_3/(R_2 + R_3)} = U_1 \frac{R_2 R_3}{R_1 R_2 + R_2 R_3 + R_3 R_1}$$

als Teilspannung eines Spannungsteilers anzusehen. Analog finden wir die Teilspannungen

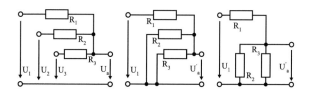

Abb. 2.23 Summationsschaltung (**a**) und Teilschaltung (**b, c**) für Überlagerungsverfahren

$$U_a'' = U_2 \frac{R_3 R_1}{R_1 R_2 + R_2 R_3 + R_3 R_1}$$

$$U_a''' = U_3 \frac{R_1 R_2}{R_1 R_2 + R_2 R_3 + R_3 R_1}$$

Die Überlagerung ergibt schließlich die Ausgangsspannung

$$U_a = U_a' + U_a'' + U'''_a = \frac{U_1 R_2 R_3 + U_2 R_3 R_1 + U_3 R_1 R_2}{R_1 R_2 + R_2 R_3 + R_3 R_1}$$

Für $R_1 = R_2 = R_3$ wird $U_a = \frac{1}{3}(U_1 + U_2 + U_3)$, sodass hier drei gleich große Widerstände R gefordert werden müssen.

Beispiel 64 Zwei Stromquellen mit Quellenstrom $I_{q1} = 115\ A$ bzw. $I_{q2} = 80\ A$ und innere $G_{i1} = 0,5\ S$ bzw. $G_{i2} = 0,333\ S$ arbeiten nach Abb. 2.24a parallel auf den Leitwert $G_a = 0,1\ S$. Der Strom I_a ist zu bestimmen.

Die Schaltung in Abb. 2.24b führt nach der Stromteilerregel den Teilstrom

$$I_a' = \frac{G_a I_{q1}}{G_a + G_{i1} + G_{i2}}$$

und die Schaltung in Abb. 2.24c

$$I_a'' = \frac{G_a I_{q2}}{G_a + G_{i1} + G_{i2}}$$

Wir können daher sofort für den gesuchten Strom angeben

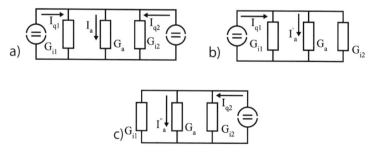

Abb. 2.24 Netzwerk (**a**) mit Auflösung in zwei überlagerte Schaltungen (**b**, **c**)

$$I_a = I_a' + I_a'' =$$

$$I_a = \frac{G_a(I_{q1} + I_{q2})}{G_a + G_{i1} + G_{i2}} = \frac{0,1\ S(115\ A + 80\ A)}{0,1\ S + 0,5\ S + 0,333\ S} = 20,9\ A$$

Übungsaufgaben zu Abschn. 2.2.2 (Lösungen im Anhang):

Beispiel 65 Die Schaltung in Abb. 2.25 enthält die Widerstände $R_1 = 50\ \Omega$, $R_2 = 100\ \Omega$, $R_3 = 5\ \Omega$, $R_4 = 10\ \Omega$ und $R_5 = 20\ \Omega$ sowie die Quellenspannungen $U_{q1} = 400\ V$, $U_{q2} = 600\ V$ und $U_{q3} = 200\ V$. Es ist die im Widerstand R_4 umgesetzte Leistung zu bestimmen.

Beispiel 66 Das Netzwerk in Abb. 2.26 besteht aus den Widerständen $R_1 = 3\ \Omega$, $R_2 = 2\ \Omega$, $R_3 = 6\ \Omega$, $R_4 = 4\ \Omega$, $R_5 = 10\ \Omega$ und die Quellenspannun-

Abb. 2.25 Netzwerk

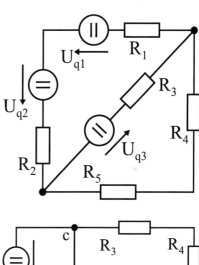

Abb. 2.26 Netzwerk

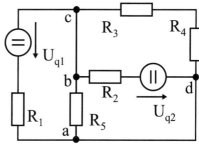

gen $U_{q1} = 10\ V$ und $U_{q2} = 8\ V$. Wie groß sind die in den Spannungsquellen erzeugten Leistungen?

Beispiel 67 Die Schaltung in Abb. 2.27 weist die Widerstände $R_1 = R_2 = R_4 = R_5 = 250\ \Omega$ und $R_1 = 500\ V$ sowie die Quellenspannungen $U_{q1} = 30\ V$, $U_{q2} = 20\ V$ und $U_{q3} = 5\ V$ auf. Es ist der Zweigstrom I_5 zu bestimmen.

Beispiel 68 In der Schaltung nach Abb. 2.28 haben alle Widerstände den Wert $R = 1\ k\Omega$, und es wirken die Quellenspannungen $U_{q1} = 50\ V$, $U_{q2} = 75\ V$ und $U_{q3} = 100\ V$. Wie groß ist der Strom I_4?

Beispiel 69 Die Schaltung in Abb. 2.29a enthält die Widerstände $R_1 = 4\ \Omega$, $R_2 = 3\ \Omega$ und $R_3 = 5\ \Omega$, und es fließen die Quellenströme $I_{q1} = 24\ A$ und $I_{q2} = 16\ A$. Die übrigen Ströme sind zu bestimmen.

Beispiel 70 In der Schaltung nach Abb. 2.29b mit den Widerständen $R_1 = 100\ \Omega$, $R_2 = 120\ \Omega$, $R_3 = 80\ \Omega$ fließen die Quellenströme $I_{q1} = 12\ A$ und $I_{q2} = 7\ A$. Wie groß muss die Quellenspannung U_q werden, wenn der Strom $I_3 = 0$ werden soll?

2.2.3 Schnittmethode

In Umkehrung des Überlagerungsverfahrens kann man auch eine Schaltung derart an einer Stelle auftrennen, dass die Restschaltung einfacher zu berechnen ist.

Abb. 2.27 Netzwerk

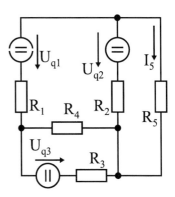

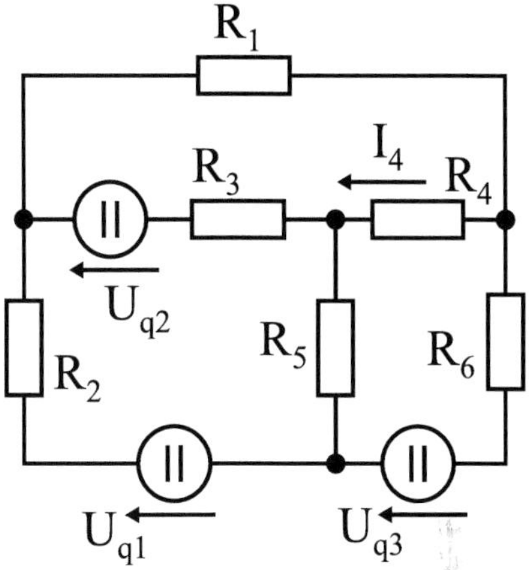

Abb. 2.28 Netzwerk

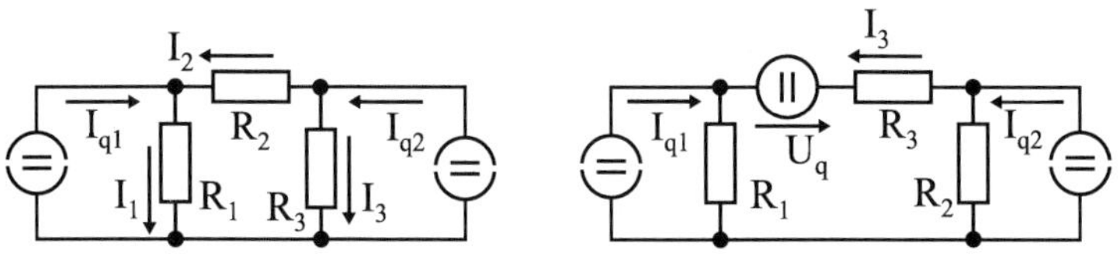

Abb. 2.29 Netzwerke **a** und **b**

Bestimmt man nun für diese Trennstelle die an ihr wirksame Spannung U_T, so hat man an dieser Trennstelle sozusagen eine Spannungsquelle mit der gerade berechneten Quellenspannung eingeführt, die den Strom an der Trennstelle zum Verschwinden bringt. Um die tatsächlichen Stromverhältnisse zu erhalten, muss man anschließend unter Anwendung des Überlagerungsgesetzes in einem zweiten Schritt an der Trennungsstelle eine weitere Spannungsquelle wirken lassen, die die Quellenspannung der zunächst eingeführten Trennstellenquelle zu Null kompensiert. Man lässt also an der Trennstelle eine Spannung wirken, die entgegengesetzt gleich groß wie die zuerst berechnete Trennstellenspannung U_T ist.

Beispiel 71 In Beispiel 62 soll für die Schaltung in Abb. 2.22a die Spannung U_x bestimmt werden. Diese Aufgabe ist jetzt mit der Schnittmethode zu lösen.

Wir trennen zunächst das Netzwerk in Abb. 2.22 in dem zu untersuchenden Zwei entsprechend Abb. 2.30a auf. Hierfür finden wir sofort die Teilspannungen $U_1 = U_{q1}/2 = 120\ V/2 = 60\ V$ und $U_2 = U_{q2}/2 = 200\ V/2 = 100\ V$ sowie die Trennstellenspannung $U_T = U_2 - U_1 = 100\ V - 60\ V = 40\ V$.

Wenn wir nun wie in Abb. 2.30b die Trennstellenquelle mit $U_{qT} = U_T = 40\ V$ auf die Reihenschaltung des Widerstandes R mit den zweimal parallelen Widerständen R wirken lassen, erhalten wir für diesen Spannungsteiler die Teilspannung

$$U_x = \frac{-U_{qT}\ R}{R + (R/2) + (R/2)} = \frac{-U_{qT}}{2} = \frac{-40\ V}{2} = -20\ V$$

Beispiel 72 Die Brückenschaltung in Abb. 1.25 enthält die Widerstände $R_1 = 165\ \Omega$, $R_2 = 385\ \Omega$, $R_3 = 235\ \Omega$, $R_4 = 315\ \Omega$ und $R_5 = 100\ \Omega$ bei der Quellenspannung $U_q = 230\ V$. Der Strom I_5 ist zu bestimmen.

Wir wenden die Schnittmethode an und trennen daher zunächst wie in Abb. 2.31a den mittleren Brückenzweig auf. Es fließen dann die Ströme

$$I_1' = I_2' = \frac{U_q}{R_1 + R_2} = \frac{230\ V}{165\ \Omega + 385\ \Omega} = 0{,}418\ A$$

$$I_3' = I_4' = \frac{U_q}{R_3 + R_4} = \frac{230\ V}{235\ \Omega + 315\ \Omega} = 0{,}418\ A$$

und es herrschen die Teilspannungen $U_1' = R_1 I_1' = 165\ \Omega \cdot 0{,}418\ A = 68{,}97\ V$ und $U_3' = R_3 I_3' = 235\ \Omega \cdot 0{,}418\ A = 98{,}23\ V$ bzw. die Trennstellenspannungen $U_T = U_1' - U_3' = 68{,}97\ V - 98{,}23\ V = -29{,}26\ V$. Diese muss jetzt nach Abb. 2.31b als Quellenspannung U_{qT} auf die jeweils parallelen Widerstände R_3 und R_4 bzw. R_1 und R_2 in Reihe mit R_5 wirken. Der Gesamtwiderstand

$$R_g = R_5 + \frac{R_3 R_4}{R_3 + R_4} + \frac{R_1 R_2}{R_1 + R_2}$$
$$= 100\ \Omega + \frac{235\ \Omega \cdot 315\ \Omega}{235\ \Omega + 315\ \Omega} + \frac{165\ \Omega \cdot 385\ \Omega}{165\ \Omega + 385\ \Omega} = 350\ \Omega$$

bestimmt somit den Strom $I_5 = U_{qT}/R_g = -29{,}26\ V/350\ \Omega = 0{,}0836\ A$.

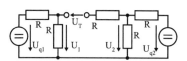 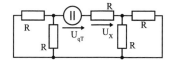

Abb. 2.30 Einführung einer Schnittstelle (**a**) und einer Trennstellenquelle (**b**) in das Netzwerk von Abb. 2.22

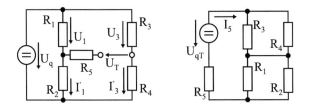

Abb. 2.31 Einführung einer Schnittstelle (**a**) und einer Trennstellenquelle (**b**) in die Brücken-schaltung von Abb. 1.25

Übungsaufgabe zu Abschn. 2.2.3:

Beispiel 73 Für die Schaltung in Abb. 1.24 soll der Strom I_a mit der Schnitt-methode bestimmt werden (Lösung s. Beispiel 39). Ebenso sind für die Beispiele Abb. 2.7 bis 2.10 und 2.12 bis 2.15 jeweils mit der Schnittmethode zu berechnen, und auf die Beispiele 65, 67, 68 und 70 ist die Schnittmethode anzuwenden. Bei Beispiel 67 und 68 kann zur Bestimmung der Trennstellenspannung das Überla-gerungsverfahren angewendet werden. Die Lösung findet man jeweils unter den angegebenen Beispielen im Anhang.

2.2.4 Ersatzquellen

Die Schaltung in Abb. 2.32a stellt für einen an den Klemmen a und b anzuschließen-den Verbraucher einen aktiv wirkenden Zweipol dar. Wir suchen die Ersatzschaltung für diesen Zweipol.

Ersatz-Spannungsquelle Im Leerlauf wirkt an den Klemmen a und b die Leerlauf-spannung U_{abl}. Schaltet man nun wie in Abb. 2.32b eine zusätzliche Spannungs-quelle mit der Quellenspannung $U_{qE} = U_{abl}$ so ein, dass sie der Klemmenspannung U_{ab} entgegenwirkt, so wird die Klemmenspannung $U_{ab} = 0$.

Nun kann man auch die Spannungsquellen mit den Quellenspannungen U_{q1} und U_{q2} fortlassen und die Spannung U_{abl} wie in Abb. 2.32c umdrehen, so dass an der Klemmen wieder die vorher schon vorhandene Klemmenspannung U_{ab} herrscht. Auf diese Weise haben wir die Quellenspannungen U_{q1} und U_{q2} durch die Ersatz-Quellespannung $U_{qE} = U_{abl}$ ersetzt. Jetzt brauchen wir nur noch die Widerstände R_1 bis R_3 zum Ersatz-Innenwiderstand R_{iE} zusammenzufassen, um die endgültige Ersatzschaltung in Abb. 2.32d zu erhalten.

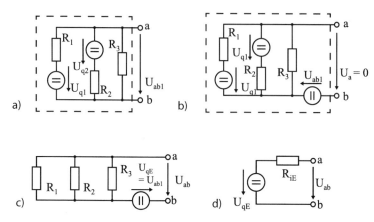

Abb. 2.32 Aktiv wirkender Zweipol (**a**) mit Ausschalten (**b**) der inneren Spannungsquellen und Ersatz (**c**) dieser Spannungsquellen sowie endgültige Ersatzschaltung (**d**)

Die Ersatz-Spannungsquelle hat die in Abschn. 2.1 beschriebenen Eigenschaften. Im **Leerlauf** tritt daher an ihren Klemmen die Ersatz-Quellenspannungen

$$U_{qE} = U_1 \tag{2.26}$$

auf. Im Kurzschluss fließt der **Ersatz-Quellenstrom**

$$I_{qE} = I_k \tag{2.27}$$

als Kurzschlussstrom über die Klemmen a und b, und es gilt dann für den Ersatz-Innenwiderstand

$$R_{iE} = U_{qE}/I_{qE} \tag{2.28}$$

von diesen 3 Kenngrößen brauchen wir also jeweils nur zwei zu kennen, um die dritte berechnen zu können. Für die Belastung gelten Gl. 2.2 bis 2.4.

Hieraus ergibt sich auch, wie man die **Kenngrößen** der Ersatz-Spannungsquelle bestimmen kann: Die Ersatz-Quellenspannung U_{qE} ist die Leerlaufspannung U_1 (also bei $R_a = \infty$) zwischen den Klemmen a und b. Der Ersatz-Quellenstrom I_{qE} fließt als Kurzschlussstrom I_k (also bei $R_a = 0$) über die Klemmen a und b. Den ideellen Innenwiderstand R_{iE} findet man, indem man alle Spannungsquellen im aktiv wirkenden Zweipol widerstandslos überbrückt (also kurzschließt) und den dann zwischen den Klemmen a und b wirksamen Widerstand R_{ab} bestimmt.

Beispiel 74 Das Netzwerk in Abb. 2.33 enthält die Widerstände $R_1 = 5\,k\Omega$, $R_2 = 5\,k\Omega$, $R_3 = 3\,k\Omega$ und die Quellenspannung $U_{q1} = 200\,V$. Welche Leerlaufspannung U_{abl} und welcher Kurzschlussstrom I_{abk} ergibt sich an den Klemmen a und b? Durch welche Schaltung mit welchen Kennwerten lässt sich also dieses Netzwerk ersetzen?

$$U_{abl} = U_{q1} \frac{R_2}{R_1 + R_2} = 200\,V \frac{5\,k\Omega}{5\,k\Omega + 5\,k\Omega} = 100\,V$$

Im Kurzschluss fließt der Gesamtstrom

$$I_{1k} = \frac{U_{q1}}{R_1 + \frac{R_2 R_3}{R_2 + R_3}}$$

und der Teilstrom

$$I_{abk} = I_{1k} \frac{R_2}{R_2 + R_3} = \frac{U_{q1} \frac{R_2}{R_2 + R_3}}{R_1 + \frac{R_2 R_3}{R_2 + R_3}} = \frac{U_{q1} R_2}{R_1 R_2 + R_2 R_3 + R_3 R_1}$$

$$= \frac{200\,V \cdot 5\,k\Omega}{5\,k\Omega \cdot 5\,k\Omega + 5\,k\Omega \cdot 3\,k\Omega + 3\,k\Omega \cdot 5\,k\Omega} = 18{,}2\,mA$$

Das Netzwerk in Abb. 2.33 darf also durch die Ersatz-Spannungsquelle in Abb. 2.32 d mit der Ersatz-Quellenspannung $U_{qE} = U_{abl} = 100\,V$, dem Ersatz-Quellenstrom $I_{qE} = I_{abk} = 18{,}2\,mA$ und dem Ersatz-Innenwiderstand

$$R_{iE} = U_{qE}/I_{qE} = 100\,V/18{,}2\,mA = 5{,}5\,k\Omega$$

ersetzt werden.

Abb. 2.33 Netzwerk

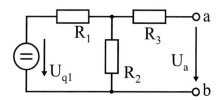

Beispiel 75 Die schon in Beispiel 40 behandelte Brückenschaltung enthält die Widerstände $R_1 = 10\ \Omega$, $R_2 = 20\ \Omega$, $R_3 = 5\ \Omega$, $R_4 = 4\ \Omega$, $R_5 = 2\ \Omega$ und die Quellenspannung $U_q = 12\ V$. Der Strom I_5 ist zu bestimmen.

Wir betrachten die Schaltung in Abb. 2.34a und berechnen zunächst die Leerlaufspannung U_{5l}. Die Quelle speist für den Fall $R_5 = \infty$ die beiden Spannungsteiler $R_1 + R_2$ und $R_3 + R_4$. Mit den eingetragenen Spannungs-Zählpfeilen gilt dann unter Beachtung der Maschenregel

$$U_{5l} = U_3 - U_1 = U_2 - U_4$$

mit den Teilspannungen

$$U_3 = U_q \frac{R_3}{R_3 + R_4} \qquad \text{und } U_1 = U_q \frac{R_1}{R_1 + R_2}$$

Daher findet man für die zugehörige Ersatz-Spannungsquelle die Ersatz-Quellenspannung

$$U_{qE} = U_{5l} = U_q \left(\frac{R_3}{R_3 + R_4} - \frac{R_1}{R_1 + R_2} \right)$$

Gleichwertig ist die Lösung

$$U_{qE} = U_{5l} = U_2 - U_4 = U_q \left(\frac{R_2}{R_1 + R_2} - \frac{R_4}{R_3 + R_4} \right)$$

$$= 12\ V \left(\frac{5\ \Omega}{5\ \Omega + 4\ \Omega} - \frac{10\ \Omega}{10\ \Omega + 20\ \Omega} \right) = 2{,}67\ V$$

Für die Bestimmung des inneren Ersatzwiderstands R_{iE} müssen wir zunächst wie in Abb. 2.34b die Quelle kurzschließen. Wenn wir anschließend diese Schaltung noch

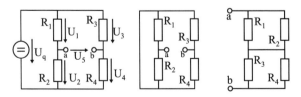

Abb. 2.34 Brückenschaltung mit offenem Nullzweig (**a**), kurzgeschlossener Quelle (**b**) und nach Umformung (**c**)

in die einfacher zu übersehende Schaltung nach Abb. 2.34c umformen, finden wir sofort für den Ersatz-Innenwiderstand

$$R_{iE} = \frac{R_1 R_2}{R_1 + R_2} + \frac{R_3 R_4}{R_3 + R_4} = \frac{10\,\Omega \cdot 20\,\Omega}{10\,\Omega + 20\,\Omega} + \frac{5\,\Omega \cdot 4\,\Omega}{5\,\Omega + 4\,\Omega} = 8,89\,\Omega$$

Daher fließt der Strom

$$I_5 = \frac{U_{qE}}{R_{iE} + R_5} = \frac{2,67\,V}{8,89\,\Omega + 2\,\Omega} = 245\,mA$$

Beispiel 76 Zwei Generatoren mit den Quellenspannungen $U_{q1} = 115\,V$ und $U_{q2} = 120\,V$ sowie den Innenwiderständen $R_{i1} = 1\,\Omega$ und $R_{i2} = 1,5\,\Omega$ sind nach Abb. 2.35 parallelgeschaltet. Sie sollen durch eine Ersatz-Spannungsquelle nach Abb. 2.32d ersetzt werden. Die zugehörigen Kennwert sind zu bestimmen.

Im Leerlauf fließt der Strom

$$I_{2l} = -I_{1l} = \frac{U_{q2} - U_{q1}}{R_{i1} + R_{i2}} = \frac{120\,V - 115\,V}{1\,\Omega + 1,5\,\Omega} = 2\,A$$

und herrscht somit die Ersatz-Quellenspannung

$$U_{qE} = U_{abl} = U_{q2} - R_{i2} I_{2l} = 120\,V - 1,5\,\Omega \cdot 2\,A = 117\,V$$

Abb. 2.35 Parallelges-chaltete Generatoren

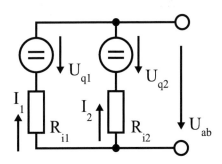

Außerdem erhalten wir bei kurzgeschlossenen Quellen den Ersatz-Innenwiderstand

$$R_{iE} = \frac{R_{i1} R_{i2}}{R_{i1} + R_{i2}} = \frac{1\,\Omega \cdot 1{,}5\,\Omega}{1\,\Omega + 1{,}5\,\Omega} = 0{,}6\,\Omega$$

bzw. den Ersatz-Quellenstrom

$$I_{qE} = U_{qE}/R_{iE} = 117\,V/0{,}6\,\Omega = 195\,A$$

Ersatz-Stromquelle Nach Abschn. 2.1.1 kann jede Quelle sowohl als Spannungsquelle wie auch als Stromquelle aufgefasst werden. Daher dürfen wir auch jeden allgemeinen aktiv wirkenden Zweipol entweder durch eine Ersatz-Spannungsquelle nach Abb. 2.36a oder eine völlig gleichwertige Ersatz-Stromquelle nach Abb. 2.36b ersetzen. Gl. 2.26 bis 2.28 gelten für beide Ersatzquellen in gleicher Weise. Allerdings müssen zur Bestimmung des Innenwiderstandes des aktiv wirkenden Zweipols alle dort auftretenden Stromquellen als Leitungsunterbrechung betrachtet werden (s. a. Abschn. 2.2.2). Bei Belastung sind wieder Gl. 2.6 bis 2.8 anzuwenden.

Beispiel 77 Eine Verstärkerröhre (Pentode) führt bei Kurzschluss der Ausgangsklemmen den Strom $I_k = 11\,mA$ und bei Anschluss des Außenwiderstandes $R_{a1} = 20\,k\Omega$ den Strom $I_{a1} = 10{,}5\,mA$. Welcher Strom I_{a2} wird bei dem Widerstand $R_{a2} = 75\,k\Omega$ fließen?

Wenn wir die Schaltung in Abb. 2.3 zugrundelegen, können wir auch mit Gl. 2.8 über

$$\frac{G_{iE} + G_{a1}}{G_{a1}} = \frac{I_k}{I_{a1}}$$

den Ersatz-Innenwiderstand

$$R_{iE} = \frac{R_{a1}}{I_k/I_{a1} - 1} = \frac{20\,k\Omega}{(11\,mA/10{,}5\,mA) - 1} = 426\,k\Omega$$

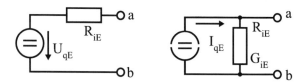

Abb. 2.36 Ersatz-Spannungsquelle (**a**) und äquivalente Ersatz-Stromquelle (**b**)

berechnen. Den gesuchten Strom finden wir mit der Stromteilerregel (Tab. 1.5)

$$I_{a2} = I_k \frac{R_{iE}}{R_{iE} + R_{a2}} = 11 \, mA \, \frac{426 \, k\Omega}{426 \, k\Omega + 75 \, k\Omega} = 9{,}35 \, mA$$

Beispiel 78 Die Parallelschaltung der beiden Generatoren von Beispiel 75 ist in eine Ersatz-Stromquelle umzuformen, und die zugehören Kennwerte sind zu bestimmen.

Wir berechnen zunächst die Kennwerte der nach Abb. 2.37a parallelgeschalteten Stromquellen, nämlich

$$I_{q1} = \frac{U_{q1}}{R_{i1}} = \frac{115 \, V}{1 \, \Omega} = 115 \, A \qquad G_{i1} = \frac{1}{R_{i1}} = \frac{1}{1 \, \Omega} = 1 \, S$$

$$I_{q2} = \frac{U_{q2}}{R_{i2}} = \frac{120 \, V}{1{,}5 \, \Omega} = 80 \, A \qquad G_{i2} = \frac{1}{R_{i2}} = \frac{1}{1{,}5 \, \Omega} = 0{,}67 \, S$$

und erhalten hiermit sofort die Kennwerte der Ersatz-Stromquelle in Abb. 2.37b, nämlich den Ersatz-Quellenstrom

$$I_{qE} = I_{q1} + I_{q2} = 115 \, A + 80 \, A = 195 \, A$$

und den Ersatz-Innenleitwert

$$G_{iE} = G_{i1} + G_{i2} = 1 \, S + 0{,}67 \, S = 1{,}67 \, S$$

Mit $R_{iE} = 1/G_{iE} = 1/1{,}67 \, S = 0{,}6 \, \Omega$ erhalten wir natürlich die gleichen Ergebnisse wie in Beispiel 76, wobei sich aber auch hier wieder zeigt, dass man bei Parallelschaltungen leichter mit den Leitwerten rechnen kann.

Beispiel 79 Die Brückenschaltung in Abb. 2.38 erfährt im Gegensatz zur Brücke in Abb. 1.25 eine konstante Einströmung I_q. Die Gleichung für den Strom I_5 im Nullzweig ist abzuleiten.

Zur Bestimmung des inneren Ersatzwiderstands R_{iE} ersetzen wir nach Abb. 2.39 a die Stromquelle durch eine Leitungsunterbrechung. Diese Schaltung dürfen wir

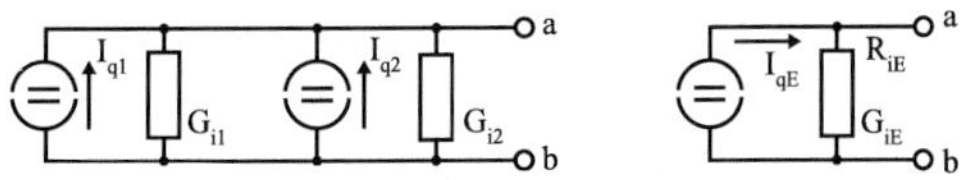

Abb. 2.37 Parallelges-
chaltete Stromquellen (**a**)
mit Ersatz-Stromquelle (**b**)

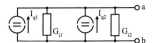

Abb. 2.38 Brücken-
schaltung (**a**) mit
eingeprägtem Strom I_q und
Ersatz-Stromquelle (**b**)

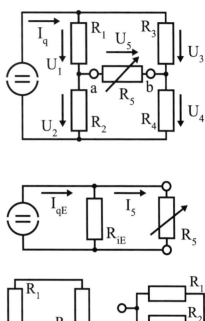

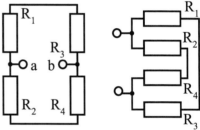

Abb. 2.39 Schaltung (**a**)
für Innenwiderstand und
nach Umformung (**b**)

auch wie in Abb. 2.39b betrachten. Daher tritt zwischen den Klemmen a und b der
innere Ersatzwiderstand

$$R_{iE} = \frac{(R_1 + R_3)(R_2 + R_4)}{R_1 + R_2 + R_3 + R_4}$$

auf. Für die zwischen den Klemmen a und b wirksame Leerlaufspannung U_{5l}, die
die Ersatz-Quellenspannung U_{qE} darstellt, gilt

$$U_{qE} = U_{5l} = U_3 - U_1 = R_3 I_3 - R_1 I_1$$

Gleichzeitig dürfen wir für die parallelen Spannungen

$$U_1 + U_2 = U_3 + U_4$$

oder

$$I_1(R_1 + R_2) = I_3(R_3 + R_4) = I_q \frac{(R_1 + R_2)(R_3 + R_4)}{R_1 + R_2 + R_3 + R_4}$$

setzen. Daher erhalten wir für die Ströme

$$I_1 = I_q \frac{R_3 + R_4}{R_1 + R_2 + R_3 + R_4}$$

$$I_3 = I_q \frac{R_1 + R_2}{R_1 + R_2 + R_3 + R_4}$$

und mit ihnen die Ersatz-Quellenspannung

$$U_{qE} = I_q \frac{R_3(R_1 + R_2) - R_1(R_3 + R_4)}{R_1 + R_2 + R_3 + R_4}$$

$$= I_q \frac{R_2 R_3 - R_4 R_1}{R_1 + R_2 + R_3 + R_4}$$

sowie den Ersatz-Quellenstrom

$$I_{qE} = \frac{U_{qE}}{R_{iE}} = I_q \frac{R_2 R_3 - R_4 R_1}{(R_1 + R_3)(R_2 + R_4)}$$

Diese Kennwerte unterscheiden sich also erheblich von denen für konstante Quellenspannung (s. Beispiel 75). Für den Strom im Nullzweig finden wir schließlich

$$I_5 = \frac{U_{qE}}{R_{iE} + R_5} = \frac{I_{qE} G_5}{G_{iE} + G_5} = \frac{I_{qE} R_i}{R_{iE} + R_5}$$

$$= I_q = \frac{R_2 R_3 - R_4 R_1}{(R_1 + R_3)(R_2 + R_4) + R_5(R_1 + R_2 + R_3 + R_4)}$$

Übungsaufgabe zu Abschn. 2.2.4 (Lösung im Anhang):

Beispiel 80 Ein Spannungsteiler, der mit seinem Gesamtwiderstand $R_1 + R_2$ an einem Generator mit dem Innenwiderstand R_i und der Quellenspannung U_q ange-

schlossen ist, hat die Schaltung von Abb. 2.40. Die Gleichung für die Verbraucherspannung U_a ist abzuleiten.

Beispiel 81   Die Schaltung in Abb. 2.41 weist die Widerstände $R_1 = 50\,\Omega$, $R_2 =$
$100\,\Omega$ und die Quellenspannungen $U_{q1} = 100\,V$, $U_{q2} = 50\,V$ auf. Die Spannung U_3 soll mit einem Spannungsmesser ohne Korrektur auf 1 % genau gemessen
werden. Wie groß muss dann der Innenwiderstand R_U des Spannungsmessers sein?

Beispiel 82   Die Schaltung in Abb. 2.42 enthält die Widerstände $R_1 = 30\,\Omega$, $R_2 =$
$R_4 = R_5 = 10\,\Omega$ und $R_3 = 20\,\Omega$ sowie die Quellenspannungen $U_{q1} =$
$130\,V$, $U_{q2} = 120\,V$, $U_{q3} = 60\,V$. Zu ermitteln sind die Kenngrößen der Ersatz-
Spannungsquelle.

Beispiel 83   Die Schaltung in Abb. 2.43 enthält die Widerstände $R_i = R_1 = 1\,k\Omega$
und wird von dem eingeprägten Strom $I_q = 21\,mA$ gespeist. Der Verlauf des
Stromes $I_a = f(R_a)$ ist für den Bereich $R_a = 0$ bis $R_a = 5\,k\Omega$ darzustellen.

2.2.5 Vergleich der Berechnungsverfahren

Die in Abschn. 2.2 betrachteten Berechnungsverfahren werden meist nur auf nicht
allzu umfangreiche Netzwerke angewandt. Hierfür kann man aufgrund der Erfah-
rungen mit den durchgerechneten Beispielen folgende Hinweise geben:
     Gesamtwiderstände von Schaltung, wie sie z. B. in Abb. 2.14, 2.18, 2.19 und
2.20 und vorliegen, wo ja keine einfache Reihen- oder Parallelschaltungen mehr

Abb. 2.40 Ersatzschaltung
des Spannungsteilers

Abb. 2.41 Spannungs-
messung

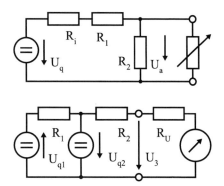

Abb. 2.42 Netzwerk

Abb. 2.43 Netzwerk

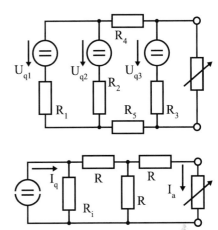

auftreten, können in einfacher Weise nur durch Umwandlung von Stern- in Drei-
schaltungen und umgekehrt bestimmt werden. Dieses Verfahren wird daher auch
für die Berechnung von Gesamtströmen benutzt.

Das **Überlagerungsverfahren** eignet sich besonders für die Berechnung von
Strömen, Spannungen und Leistungen von Netzwerken mit mehreren Spannungs-
oder Stromquellen, wenn die Wirkung der einzelnen Quellen einfach zu bestimmen
sind. Auf diese Weise können einzelne Zweigströme oder die Stromverteilung in
einem vermaschten Netz ermittelt werden.

Ein aktiv wirkender Netzteil kann, wenn man die Verhältnisse in einem Zweig
untersuchen will, gegen **Ersatzquellen** ausgetauscht werden. Auf diese Weise lässt
sich insbesondere die Wirkung eines veränderbaren Zweigwiderstandes untersuchen. Die Ersatz-**Spannungs**quelle wird gern für aktiv wirkende Netzteile mit **geringen** Innenwiderständen z. B. Generator, Batterie u. ä., die Ersatz-**Strom**quelle dagegen für aktiv wirkende Netzteile mit **großen** Innenwiderständen (z. B. Transistor,
Pentode) angewendet. Die Ersatz-Stromquelle hat auch Vorteile, wenn Kurzschlussstrom bzw. Quellenstrom sofort berechnet werden kann oder in Parallelschaltungen
mit Leitwerten gearbeitet wird.

Wir stellen jetzt noch einige Übungsaufgaben, die mit den dargestellten Verfahren gelöst werden sollen und an denen man noch die besonderen Vorteile dieser
Verfahren studieren kann.

Übungsaufgaben zu Abschn. 2.2.5 (Lösung im Anhang):

Beispiel 84 Die Schaltung von Abb. 2.44 enthält die Widerstände $R_1 = 10\,\Omega$, $R_2 = 20\,\Omega$, $R_3 = 30\,\Omega$ und den veränderbaren Widerstand R_a und liegt an der konstanten Spannung $U = 120\,V$. Welche größtmögliche Leistung P_{amax} wird in welchem Widerstandswert R_a umgesetzt?

Beispiel 85 Die Schaltung von Abb. 2.45 enthält die Widerstände $R_1 = 10\,\Omega$, $R_2 = 15\,\Omega$, $R_3 = 22\,\Omega$, $R_4 = 13\,\Omega$ und liegt an der Quellenspannung $U_q = 240\,V$. Für den Bereich $R_5 = 0$ bis $R_5 = 50\,\Omega$ ist die Funktion $U_5 = f(R_5)$ darzustellen.

Beispiel 86 Die Schaltung von Abb. 2.46 weist die Widerstände $R_1 = 0,5\,\Omega$, $R_2 = 0,7\,\Omega$, $R_3 = 0,3\,\Omega$, $R_4 = 0,5\,\Omega$ auf und führt die Ströme $I_b = 120\,A$, $I_c = 200\,A$, $I_d = 80\,A$. Die übrigen Ströme sind zu berechnen.

Beispiel 87 Das Netzwerk in Abb. 2.47 besteht aus den Widerständen $R_1 = R_5 = 14\,\Omega$, $R_2 = 7\,\Omega$, $R_3 = 84\,\Omega$, $R_4 = 56\,\Omega$, $R_i = 1\,\Omega$ und liegt an der Quellenspannung $U_q = 100\,V$. Welche Ströme I_a fließen bei den Widerstandswerten $R_a = 0,10\,\Omega$ und $50\,\Omega$?

Beispiel 88 Die Schaltung in Abb. 2.48 enthält die Widerstände $R_1 = R_2 = R_3 = 1\,\Omega$, $R_4 = 10\,\Omega$, $R_5 = 20\,\Omega$ sowie die Quellenspannungen $U_{q1} = 100\,V$, $U_{q2} = U_{q3} = 20\,V$. Wie groß sind Leerlaufspannung U_{abl} und Kurzschlussstrom I_{abk} an den Klemmen a und b?

Abb. 2.44 Netzwerk

Abb. 2.45 Netzwerk

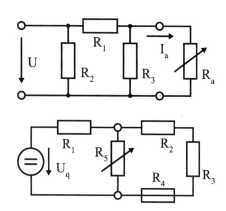

Abb. 2.46 Ringnetz

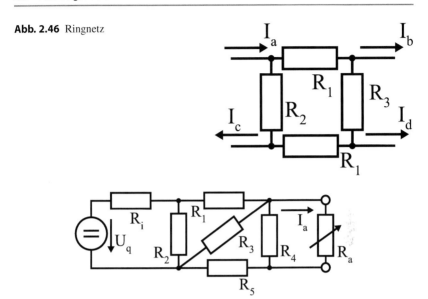

Abb. 2.47 Netzwerk

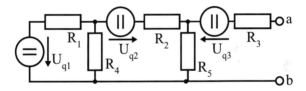

Abb. 2.48 Netzwerk

Beispiel 89 Die Schaltung in Abb. 2.49 weist die Widerstände $R_1 = R_7 = 1\ \Omega$, $R_2 = R_6 = 3\ \Omega$, $R_3 = R_4 = 9\ \Omega$, $R_5 = 20\ \Omega$ und die Quellenspannungen $U_{q1} = 24\ V$ und $U_{q2} = 27\ V$ auf. Die Ströme I_1 und I_2 sind zu bestimmen.

Beispiel 90 Für die Schaltung von Abb. 2.49 mit den Werten von Beispiel 89 ist nur der Strom I_5 im Widerstand R_5 zu berechnen.

Abb. 2.49 Netzwerk

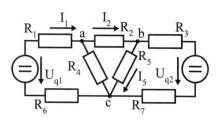

Abb. 2.50 Kreuzschaltung

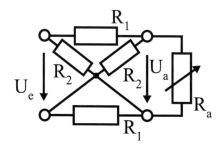

Beispiel 91   Die Schaltung in Abb. 2.50 enthält die Widerstände $R_1 = 10\ \Omega$ und $R_2 = 1000\ \Omega$. Für die Eingangsspannung $U_e = 100\ V$ ist die optimal im veränderbaren Widerstand R_a umsetzbare Leistung P_{amax} zu ermitteln.

2.3   Lineare Maschennetze

Die in Abschn. 2.2 betrachteten Berechnungsverfahren für lineare Schaltungen sind auf umfangreichere Netzwerke meist nur mit erheblichem Aufwand anwendbar. Wir wollen daher hier noch zwei Verfahren kennenlernen, die von den Kirchhoffschen Gesetzen ausgehen, aber eine Verringerung der erforderlichen Gleichungen ermöglichen.

2.3.1   Begriffe

Das Netzwerk in Abb. 2.49 enthält nach Abschn. 1.5.1 und 1.5.6 insgesamt $k = 3$ **Knotenpunkte** und $z = 5$ **Zweige**. Meist besteht die Aufgabe, bei bekannten Widerständen R_μ und bekannten Quellenspannungen $U_{q\mu}$ die $z = 5$ unbekannten Zweigströme I_μ zu bestimmen. Hierzu benötigt man ein System mit $z = 5$ voneinander unabhängigen Gleichungen (s. Abschn. 1.5.6).

Nach Abschn. 1.5.6 liefern die k Knotenpunkte ganz allgemein

$$r = k - 1 \qquad (2.29)$$

voneinander unabhängige **Knotenpunktgleichungen** für die Zweigströme I_μ, sodass man anschließend noch

$$m = z - r = z - (k - 1) = z + 1 - k \qquad (2.30)$$

voneinander unabhängige **Maschengleichungen** für die Zweigspannungen suchen muss.

Diese Suche wird erleichtert, wenn man die folgenden Begriffe einführt: Die rein geometrische Anordnung eines Netzwerks, also die Streckenführung einer Schaltung, nennt man **Streckenkomplex**indexStreckenkomplex oder **Graph**. Hierbei unterscheidet man den ungerichteten Graph (Abb. 2.51a), der nur die Leitungsführung wiedergibt, und den gerichteten Graph (2.51b), in den schon die Zählpfeile für die Zweigströme I_μ eingetragen sind.

Außerdem nennt man ein System von Zweigen, das alle Knoten miteinander verbindet, ohne dass geschlossene Maschen entstehen dürfen, einen vollständigen Baum. Da man k Knotenpunkte nur mit r = k − 1 Zweigen in dieser Weise verbinden kann, ist die Anzahl der Zweige eines vollständigen Baums mit der Anzahl der voneinander unabhängigen Knotenpunktengleichungen nach Gl. 2.29 identisch. Die Zweige des Netzwerks, die nicht zum vollständigen Baum gehören, bilden ein System unabhängiger Zweige. Über diese m unabhängigen Zweige und weitere Zwei des vollständigen Baums lassen sich m unabhängige Maschen nach Gl. 2.30 in den Graph einzeichnen. Mit dem vollständigen Baum un den unabhängigen Zweigen werden somit die unabhängigen Maschengleichungen eindeutig festgelegt.

Übungsaufgabe zu Abschn. 2.3.1 (Lösung im Anhang):

Abb. 2.51 Ungerichteter (**a**) und gerichteter (**b**) Graph sowie zwei mögliche vollständige Bäume (━━) und Systeme unabhängiger Zweige (━━) (**c, d**) für das Netzwerk in Abb. 2.49

Beispiel 92   Für die Schaltungen in Abb. 1.31, 1.33, 1.34, 2.18, 2.26, 2.27, 2.28, 2.47, 2.50 sind einige mögliche Graphen mit vollständigen Bäumen und unabhängigen Zweigen anzugeben.

2.3.2 Maschenstrom-Verfahren

Die vollständige Anwendung der Kirchhoffschen Gesetze liefert mit r Knotenpunktgleichungen und m Maschengleichungen ein lineares Gleichungssystem für die $z = r + m$ unbekannten Zweigströme. Wenn man jedoch wie in Abb. 2.52 Maschenströme I'_μ definiert, schrumpft dieses System auf $m = z + 1 - k$ Maschengleichungen zusammen. Die tatsächlich fließenden Zweigströme erhält man anschließend durch Überlagerung der Maschenströme.

Analog zu den in Abschn. 1.5.6 aufgestellten Regeln empfiehlt sich hier folgendes Vorgehen:

a) In das Schaltbild des Netzwerks werden die **Zählpfeile** für die **Quellenspannungen** Uq (vom Plus- zum Minuspol gerichtet) und die durchnummerierten Zweigströme (Richtung beliebig wählbar) eingetragen.

b) Es wird ein **Graph** mit einem **vollständigen Baum** und einem System von m **unabhängigen Zweigen** gebildet (Abb. 2.51c und d). Soll nur ein einziger Zweigstrom berechnet werden, empfiehlt es sich, den vollständigen Baum so zu wählen, dass dieser Zweigstrom in einem unabhängigen Zweig fließt.

c) Mit jedem unabhängigen Zweig wird eine Masche gebildet und für sie ein durchnummerierter Maschenstrom I'_μ eingezeichnet. Der **Umlaufsinn** des Maschenstroms kann beliebig gewählt werden; wir werden hier stets eine Zählrichtung **im Uhrzeigersinn** (also rechtsherum) anwenden (s. Abb. 2.52).

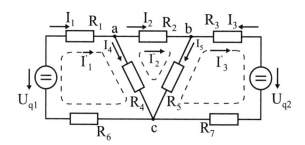

Abb. 2.52 Netzwerk mit Maschenströmen

d) Anschließend müssen unter Beachtung der Kirchhoffschen Maschenregel die m Maschengleichungen aufgestellt werden. Fließen durch einen Widerstand mehrere Maschenströme, so sind die durch sie verursachten Spannungen vorzeichenrichtig einzuführen; d. h., Maschenströme, die den Widerstand entgegengesetzt wie der eigentliche Maschenstrom durchlaufen, erscheinen mit einem negativen Vorzeichen. Die m unbekannten Maschenströme I'_μ sind mit diesem Gleichungssystem zu berechnen. Ist nur ein Zweigstrom gesucht und dieser mit einem gewählten Maschenstrom identisch, so ist hiermit die Aufgabe schon gelöst.

e) Eine **Überlagerung** der Maschenströme I'_μ ergibt schließlich die Zweigströme I_μ.

Beispiel 93 Die Schaltung in Abb. 2.49 enthält die Widerstände $R_1 = R_7 = 1\,\Omega$, $R_2 = R_6 = 3\,\Omega$, $R_3 = R_4 = 9\,\Omega$, $R_5 = 20\,\Omega$ und die Quellenspannungen $U_{q1} = 24\,V$, $U_{q2} = 27\,V$. Die Ströme I_1 und I_4 sind zu bestimmen.

Wir wählen als Berechnungsgrundlage den Graph von Abb. 2.51c mit dem dort eingetragenen vollständigen Baum sowie den sich hieraus ergebenden unabhängigen Zweigen, sodass wir die Maschenströme I'_1, I'_2 und I'_3 in Abb. 2.52 einführen können. Mit ihnen erhalten wir die Maschengleichungen

$$\text{Masche ac:} \quad (R_1 + R_4 + R_6)I'_1 - R_4 I'_2 - U_{q1} = 0$$

$$\text{Masche abc:} \quad -R_4 I'_1 + (R_2 + R_4 + R_5)I'_2 - R_5 I'_3 = 0$$

$$\text{Masche bc:} \quad -R_5 I'_2 + (R_3 + R_5 + R_7)I'_3 - U_{q2} = 0$$

die wir auch als Matrizengleichung (s. Anhang)

$$\begin{bmatrix} R_1 + R_4 + R_6 & -R_4 & 0 \\ -R_4 & R_2 + R_4 + R_5 & -R_5 \\ 0 & -R_5 & R_3 + R_5 + R_7 \end{bmatrix} \cdot \begin{bmatrix} I'_1 \\ I'_2 \\ I'_3 \end{bmatrix} = \begin{bmatrix} U_{q1} \\ 0 \\ -U_{q2} \end{bmatrix}$$

schreiben dürfen. Die 1. Spannungsgleichung ergibt

$$I'_1 = \frac{U_{q1} + R_4 I'_2}{R_1 + R_4 + R_6}$$

und die 3. Spannungsgleichung entsprechend

$$I_3' = \frac{R_5 I_2' - U_{q2}}{R_3 + R_5 + R_7}$$

Eingesetzt in die 2. Gleichung erhält man

$$-\frac{R_4(U_{q1} + R_4 I_2')}{R_1 + R_4 + R_6} + (R_2 + R_4 + R_5)I_2' - \frac{R_5(R_5 I_2' - U_{q2})}{R_3 + R_5 + R_7} = 0$$

bzw. den Maschenstrom

$$I_2' = \frac{\frac{R_4 U_{q1}}{R_1 + R_4 + R_6} - \frac{R_5 U_{q2}}{R_3 + R_5 + R_7}}{R_2 + R_4 + R_5 - \frac{R_4^2}{R_1 + R_4 + R_6} - \frac{R_5^2}{R_3 + R_5 + R_7}}$$

$$= \frac{U_{q1} R_4(R_3 + R_5 + R_7) - U_{q2} R_5(R_1 + R_4 + R_6)}{R_2(R_1 + R_4 + R_6)(R_3 + R_5 + R_7) + \cdots}$$

$$\cdots + R_4(R_1 + R_6)(R_3 + R_5 + R_7) + \cdots$$

$$\cdots + R_5(R_1 + R_4 + R_6)(R_3 + R_7)$$

$$= \frac{24\,V \cdot 9\,\Omega(9\,\Omega + 20\,\Omega + 1\,\Omega) - 27\,V \cdot (1\,\Omega + 9\,\Omega + 3\,\Omega)}{3\,\Omega(1\,\Omega + 9\,\Omega + 3\,\Omega)(9\,\Omega + 20\,\Omega + 1\,\Omega) + \cdots}$$

$$\cdots + 9\,\Omega(1\,\Omega + 3\,\Omega)(9\,\Omega + 20\,\Omega + 1\,\Omega) + \cdots$$

$$\cdots + 20\,\Omega(1\,\Omega + 9\,\Omega + 3\,\Omega)(9\,\Omega + 1\,\Omega)$$

$$= -0{,}1157\,A$$

Daher ist auch

$$I_1' = I_1 = \frac{U_{q1} + R_4 I_2'}{R_1 + R_4 + R_6} = \frac{24\,V - 9\,\Omega \cdot 0{,}1157\,A}{1\,\Omega + 9\,\Omega + 3\,\Omega} = 1{,}765\,A$$

und $I_4 = I_1' - I_2' = 1{,}765\,A - (-0{,}1157\,A) = 1{,}881\,A$

Dieses Ergebnis kann wegen der in der Gleichung für den Strom I_2' auftretenden geringen Zahlendifferenz nicht sehr genau sein.

2.3.3 Knotenpunktpotential-Verfahren

Wir betrachten wieder das Netzwerk von Abb. 2.49 mit dem vollständigen Baum in Abb. 2.51c. Wenn wir nun dem **Bezugs-Knotenpunkt** c willkürlich das Potential $U'_c = 0$ zuordnen, haben die Knotenpunkte a und b die Potentiale U'_{ca} bzw. U'_{cb}. Gelingt es, diese beiden Spannungen U'_{ca} und U'_{cb} zu bestimmen, so können auch alle anderen Teilspannungen und die Zweigströme berechnet werden. Man braucht also im betrachteten Fall nur noch zwei Unbekannte mit einem System von 2 Gleichungen zu berechnen.

Ganz allgemein findet man bei Betrachtung von Abb. 2.51 c dieses System unabhängiger Gleichungen durch Aufstellen der $r = (k - 1)$ Knotenpunktgleichungen. In Abb. 2.53 sind die beiden Spannungen U'_{ca} und U'_{cb} eingetragen; die zugehörigen Ströme sollen wegen Anwendungen des Verbraucher-Zählpfeil-Systems die gleiche Zählrichtung haben, während die Richtung der übrigen Strom-Zählpfeile frei wählbar ist. Um zu einem übersichtlichen Koeffizientenschema zu kommen, empfiehlt es sich, hier mit Leitwerten G und Stromquellen I_q zu arbeiten. In Abb. 2.53 wurden außerdem schon die parallelen Leitwerte zusammengefasst. Mit den ermittelten Teilspannungen kann man schließlich durch Anwendung des Ohmschen Gesetzes alle Zweigströme berechnen.

Analog zu den in Abschn. 1.5.6 aufgestellten Regeln empfiehlt sich hier folgendes Vorgehen:

a) Alle Widerstände werden in **Leitwerte**, alle Spannungsquellen in **Stromquellen** umgerechnet, und parallele Bauglieder werden zusammengefasst.

b) In der vorliegenden Schaltung wird für einen beliebigen **Bezugs-Knotenpunkt** willkürlich das Potential $\varphi' = 0$ festgelegt. Als Bezugs-Knotenpunkt nimmt man zweckmäßig den Knoten mit den meisten Zweiganschlüssen. Wenn ein Teilnetz mit eingespeisten und abfließenden Strömen betrachtet werden soll, wählt man als Bezugs-Knotenpunkt zweckmäßig einen Speisepunkt.

c) Vom Bezugs-Knotenpunkt aus werden strahlenförmig zu allen übrigen Knotenpunkten durchnummerierte **Spannungs-Zählpfeile** für die Knotenpunktpotentiale U'_μ eingetragen. Dies sind gleichzeitig die Strom-Zählpfeil-Richtungen für

Abb. 2.53 Netzwerk mit Knotenpunktpotentialen

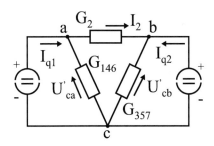

die betreffenden Zweige. Die Strom-Zählpfeile für alle übrigen Zweige werden frei gewählt. Die Zählpfeile für die Quellenströme sollen in der Stromquelle vom Minus- zum Pluspol weisen!

d) Es sind die Stromgleichungen für die $r = (k - 1)$ Knotenpunkte aufzustellen. Für den Bezugs-Knotenpunkt wird keine Stromgleichung angegeben. Dieses Gleichungssystem wird nach den r unbekannten Knotenpunktpotentialen U'_μ aufgelöst.

e) Mit den Knotenpunktpotentialen werden die übrigen Zweigspannungen und mit diesen schließlich die Zweigströme bestimmt.

Beispiel 94   Die Aufgabe 93 ist nun mit dem Knotenpunktpotential-Verfahren zu lösen.

Wir rechnen zunächst die Widerstände in Leitwerte um, erhalten also $G_2 = 1/R_2 = 1/3\ \Omega = 0,333\ S, G_4 = 1/R_4 = 1/9\ \Omega = 0,11\ S$ und $G_5 = 1/R_5 = 1/20\ \Omega = 0,05\ S$ sowie $G_{16} = 1/(R_1 + R_6) = 1/(1\ \Omega + 3\ \Omega) = 0,25\ S$ und $G_{37} = 1/(R_3 + R_7) = 1/(9\ \Omega + 1\ \Omega) = 0,1\ S$. Außerdem dürfen wir entsprechend Abb. 2.53 zusammenfassen $G_{146} = G_{16} + G_4 = 0,25\ S + 0,111\ S = 0,361\ S$ und $G_{357} = G_{37} + G_5 = 0,1\ S + 0,05\ S = 0,15\ S$. Schließlich müssen wir noch die Spannungsquellen auf Stromquellen mit den Quellenströmen $I_{q1} = U_{q1}/(R_1 + R_6) = 24\ V/(1\ \Omega + 3\ \Omega) = 6\ A$ und $I_{q2} = U_{q2}/(R_3 + R_7) = 27\ V/(9\ \Omega + 1\ \Omega) = 2,7\ A$ umrechnen.

$$\text{Knoten a:}\quad I_{q1} + I_{146} - I_2 = 0$$
$$\text{Knoten b:}\quad I_{q2} + I_{357} + I_2 = 0$$

Wir ersetzen

$$I_{146} = G_{146}\, U'_{ca}$$
$$I_{357} = G_{357}\, U'_{cb}$$
$$I_2 = G_2(U'_{cb} - U'_{ca})$$

und finden

$$I_{q1} + G_{146}\, U'_{ca} - G_2(U'_{cb} - U'_{ca}) = 0$$
$$I_{q2} + G_{357}\, U'_{cb} - G_2(U'_{cb} - U'_{ca}) = 0$$

bzw. geordnet nach den beiden unbekannten Spannungen

$$(G_{146} + G_2)\, U'_{ca} - G_2 U'_{cb} = -I_{q1}$$
$$-G_2 U'_{ca} + (G_{357} + G_2)\, U'_{cb} = -I_{q2}$$

Somit erhalten wir die Koeffizienten-Determinante

$$D = \begin{vmatrix} (G_{146} + G_2) & -G_2) \\ -G_2 & (G_{357} + G_2) \end{vmatrix} = (G_{146} + G_2)(G_{357} + G_2) - G_2^2$$

$$= G_{146} \, G_{357} + G_2(G_{146} + G_{357})$$

und die Zähler-Determinante

$$D_1 = \begin{vmatrix} -I_{q1} & -G_2 \\ -I_{q2} & (G_{357} + G_2) \end{vmatrix} = -(G_{357} + G_2)I_{q1} - G_2 I_{q2}$$

bzw. die Spannung

$$U'_{ca} = \frac{D_1}{D} = -\frac{(G_{357} + G_2)I_{q1} - G_2 I_{q2}}{G_{146} \, G_{357} + G_2(G_{146} + G_{357})}$$

$$= -\frac{(0,15S + 0,333S)\, 6\, A + 0,333S \cdot 2,7\, A}{0,361S \cdot 0,15\, S + 0,333\, S(0,361\, S + 0,15\, S)}$$

$$= -16,95\, V$$

Entsprechend Abb. 2.53 liegt diese Spannung an dem Widerstand R_4, sodass dort der Strom $I_4 = -U'_{ca}/R_4 = -(-16,95\, V)/9\, \Omega = 1,88\, A$ fließt. Analog ergibt sich der Strom $I_1 = (U_{q1} + U'_{ca})/(R_1 + R_6) = (24\, V - 16,95\, V)/(1\, \Omega + 3\, \Omega) = 1,762\, A$.

2.3.4 Aufstellung von Matrizengleichungen

Die Durchrechnung von Beispiel 93 und 94 zeigt, dass bei dem betrachteten Netzwerk mit dem Knotenpunktpotential-Verfahren nur zwei unbekannte Knotenpunktpotentiale, mit dem Maschenstrom-Verfahren dagegen drei unbekannte Maschenströme berechnet werden müssen. Im Allgemeinen wird das System mit der geringeren Anzahl von Gleichungen leichter lösbar sein.

Das Knotenpunktpotential-Verfahren ist allerdings nicht ganz so durchsichtig wie das Maschenstrom-Verfahren. Wenn nur das Teilnetz eines größeren Netzwerks mit zu- und abfließenden Strömen betrachtet werden soll (z. B. in vermaschten Netzen der Energietechnik) ist das Knotenpunktpotential-Verfahren vorzuziehen.

Die Entscheidung, welches Verfahren man zweckmäßig anwendet, trifft man am einfachsten, wenn man in den Graph des Netzwerks den vollständigen Baum einträgt und auf diese Weise unabhängige Zweige bestimmt. Dann sieht man sofort, ob die Anzahl m der Maschengleichungen (gleich der Anzahl m der Zweige) oder die Anzahl $r = (k - 1)$ der Knotenpunktgleichungen bei k Knotenpunkten kleiner ist. Bei $m < r$ benutzt man zweckmäßig das Maschenstrom-Verfahren, bei $r < m$ dagegen das Knotenpunktpotential-Verfahren.

Das Maschenstrom-Verfahren arbeitet mit Widerständen und Spannungsquellen, das Knotenpunktpotential-Verfahren dagegen mit Leitwerten und Stromquellen bzw. eingeprägten Strömen. Vor Anwendung dieser Verfahren muss man daher u. U. die zu betrachtenden Netzwerke entsprechend umformen.

Eine Betrachtung der in Beispiel 93 angegebenen Matrizengleichung zeigt, dass man das Aufstellen der Spannungsgleichungen für das Maschenstrom-Verfahren auch schematisieren und daher hier ganz allgemein mit der **Matrizengleichung**

$$
\begin{bmatrix}
R_{11} & R_{12} & \cdots & R_{1n} \\
R_{21} & R_{22} & \cdots & R_{2n} \\
\vdots & \vdots & \vdots & \vdots \\
R_{n1} & R_{n2} & \cdots & R_{nn}
\end{bmatrix}
\cdot
\begin{bmatrix}
I_1' \\
I_2' \\
\vdots \\
I_n'
\end{bmatrix}
=
\begin{bmatrix}
-U_{q1}' \\
-U_{q2}' \\
\vdots \\
-U_{qn}'
\end{bmatrix}
\tag{2.31}
$$

arbeiten kann. Man erkennt: Jeder Maschenstrom I_k' ist in seiner Masche mit allen Widerständen, die er durchfließt, verknüpft. Die Hauptdiagonale der Widerstandsmatrix (Koeffizienten-Determinante – s. Anhang) ist daher mit den Summenwiderständen R_μ der einzelnen gewählten Maschen besetzt.

Die Nebendiagonalen der Widerstandsmatrix enthalten Widerstände $R_{ik'}$, die von mindestens zwei Maschenströmen durchflossen werden. Sind die Zählpfeile für die Maschenströme I_i' und I_k' an diesen Koppelwiderständen R_{ik} gleichsinnig, so erhält dieser Widerstand das positive, andernfalls das negative Vorzeichen. Spiegelbildlich zur Hauptdiagonalen liegende Koppelwiderstände $R_{ik} = R_{ki}$ sind gleich, was eine einfache Kontrolle ermöglicht.

Die Spannungen $U_{q\mu}'$ stellen die Summen der Quellenspannungen in den betrachteten Maschen dar. Die einzelnen Quellenspannungen U_q treten hierbei mit positivem Vorzeichen auf, wenn ihr Zählpfeil mit dem Zählpfeil des zugehörigen Maschenstrom I_μ' übereinstimmt; sie erhalten das negative Vorzeichen, wenn die Zählrichtungen entgegengesetzt sind.

In analoger Weise kann man auch anhand von Beispiel 94 das Aufstellen der Stromgleichungen für das Knotenpunktpotential-Verfahren schematisieren und die Matrix

$$
\begin{bmatrix} +G_{11} & -G_{12} & \cdots & -G_{1n} \\ -G_{21} & +G_{22} & \cdots & -G_{2n} \\ \vdots & \vdots & \vdots & \vdots \\ -G_{n1} & -G_{n2} & \cdots & +G_{nn} \end{bmatrix} \cdot \begin{bmatrix} U'_1 \\ U'_2 \\ \vdots \\ U'_n \end{bmatrix} = \begin{bmatrix} -I'_{q1} \\ -I'_{q2} \\ \vdots \\ -I'_{qn} \end{bmatrix} \tag{2.32}
$$

bilden. Man erkennt: Jedes Knotenpunktpotential U'_k ist mit allen Leitwerten, die an dem betrachteten Knotenpunkt münden, verknüpft. Die Hauptdiagonale der Leitwertmatrix (Koeffizienten-Determinante) ist daher mit den Summenleitwerten G_μ der benachbarten Zweige besetzt.

Die Nebendiagonalen der Leitwertmatrix enthalten die stets negativen Koppelleitwerte G_{ik}, die zwischen zwei Knotenpunkten liegen. Befindet sich zwischen zwei Knotenpunkten unmittelbar kein Leitwert, so wird an diese Stelle der Leitwertmatrix eine Null eingesetzt. Spiegelbildlich zur Hauptdiagonale liegende Koppelleitwerte $G_{ik} = G_{ki}$ sind gleich. Dies erlaubt wieder eine leichte Kontrolle.

Die Ströme I'_{qk} stellen die Summen der den Knotenpunkten aufgeprägten Quellenströme dar. Sie werden positiv gezählt, wenn sie zum Knotenpunkt zufließen, bzw. negativ, wenn sie abfließen. Für den Bezugs-Knotenpunkt wird keine Stromgleichung aufgestellt.

Auf diese Weise wird die Analyse vermaschter Netze erleichtert und der Berechnung mit dem Digitalrechner zugänglich gemacht. Nach Ordnung des vorliegenden Netzwerks in eindeutige Zweige und Knotenpunkte kann mit dem zugehörigen Graphen sofort und schematisch die entsprechende Matrizengleichung aufgestellt werden. Mit Digitalrechnern kann man heute auch Matrizen höherer Ordnung sehr schnell lösen (s. Abschn. 3.2.2 und [1]).

Beispiel 95   Für die in Abb. 1.25a dargestellte Brückenschaltung soll jetzt mit dem Maschenstrom- oder Knotenpunktpotential-Verfahren die Bestimmungsgleichung für den Strom I_5 abgeleitet werden.

Wir bestimmen zunächst mit Abb. 2.54a den vollständigen Baum und die unabhängige Zweige. Hieraus ergibt sich, dass bei k = 4 Knotenpunkten mit r = k − 1 = 4 − 1 = 3 Knotenpunktgleichungen und m = 3 unabhängigen Zweigen, also m = 3 Maschengleichungen, Knotenpunktpotential-Verfahren und Maschenstrom-Verfahren jeweils mit 3 Gleichungen auskommen. Wir wenden daher das etwas durchsichtigere Maschenstrom-Verfahren an.

In Abb. 2.54 b sind die zu dem Graph in Abb. 2.54 a passenden Maschenströme I'_1 bis I'_3 eingetragen. Es wurde darauf geachtet, dass der gesuchte Strom I_5 gleichzeitig ein Maschenstrom I'_3 ist. Außerdem werden die unabhängigen Zweige jeweils nur

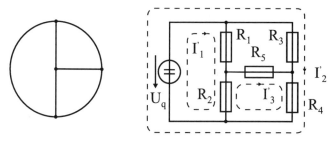

Abb. 2.54 Graph (**a**) mit vollständigem Baum (▬▬) und abhängigen Zweigen (▬▬) sowie zugehörige Brückenschaltung (**b**) mit Maschenströmen

einmal von einem Maschenstrom, die Zweige des vollständigen Baums dagegen von zwei Maschenströmen durchflossen.

Die Anwendung von Gl. 2.31 liefert nun sofort die Matrizengleichung

$$
\begin{bmatrix}
(R_1 + R_2) & 0 & -R_2 \\
0 & (R_3 + R_4) & R_4 \\
-R_2 & R_4 & (R_2 + R_4 + R_5)
\end{bmatrix}
\cdot
\begin{bmatrix}
I_1' \\
I_2' \\
I_3'
\end{bmatrix}
=
\begin{bmatrix}
U_q' \\
U_q' \\
0
\end{bmatrix}
$$

Die Koeffizienten-Determinante halt also den Werten

$$
D =
\begin{vmatrix}
(R_1 + R_2) & 0 & -R_2 \\
0 & (R_3 + R_4) & R_4 \\
-R_2 & R_4 & (R_2 + R_4 + R_5)
\end{vmatrix}
$$

$$
= (R_1 + R_2)(R_3 + R_4)(R_2 + R_4 + R_5) - R_2^2(R_3 + R_4) - R_4^2(R_1 + R_2)
$$

$$
= R_1 R_2(R_3 + R_4) + R_3 R_4(R_1 + R_2) + R_5(R_1 + R_2)(R_3 + R_4)
$$

und die Zähler-Determinante

$$
D_3' =
\begin{vmatrix}
(R_1 + R_2) & 0 & U_q \\
0 & (R_3 + R_4) & U_q \\
-R_2 & R_4 & 0
\end{vmatrix}
$$

$$
= U_q[R_2(R_3 + R_4) - R_4(R_1 + R_2)] = U_q(R_2 R_3 - R_1 R_4)
$$

erhalten wir wieder das Ergebnis von Gl. 2.31

$$I_5 = I_3' = \frac{D_3'}{D} = \frac{U_q(R_2 R_3 - R_1 R_4)}{R_1 R_2(R_3 + R_4) + R_3 R_4(R_1 + R_2) + R_5(R_1 + R_2)(R_3 + R_4)}$$

Beispiel 96 Das Maschennetz in Abb. 2.55 enthält die Leitwerte $G_1 = G_5 = 1\ S, G_2 = G_3 = 2\ S, G_4 = 4\ S$, und es fließen die Ströme $I_a = 100\ A, I_b = 40\ A, I_c = 50\ A$. Der Strom I_3 ist zu bestimmen.

Wir lösen diese Aufgabe mit dem Knotenpunktpotential-Verfahren und wählen den Bezugs-Knotenpunkt a, von dem strahlenförmig die Zählpfeile für die Spannungen U_{ab}', U_{ac}' und U_{ad}' ausgehen.

Wir berechnen zunächst noch den Strom $I_d = I_a - I_b + I_c = 100\ A - 40\ A + 50\ A = 110\ A$ und können dann mit Anwendung von Gl. 2.32 sofort die Matrizengleichung

$$\begin{bmatrix} (G_1 + G_2) & -G_1 & 0 \\ -G_1 & (G_1 + G_3 + R_4) & -G_4 \\ 0 & -G_4 & (G_4 + G_5) \end{bmatrix} \cdot \begin{bmatrix} U_{ab}' \\ U_{ac}' \\ U_{ad}' \end{bmatrix} = \begin{bmatrix} I_b \\ -I_c \\ I_d \end{bmatrix}$$

angeben. Somit erhalten wir die Koeffizienten-Determinante

Abb. 2.55 Maschennetz

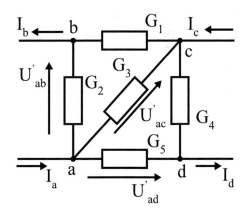

$$D = \begin{vmatrix} (G_1 + G_2) & -G_1 & 0 \\ -G_1 & (G_1 + G_3 + G_4) & -G_4 \\ 0 & -G_4 & (G_4 + G_5) \end{vmatrix}$$

$$= (G_1 + G_2)(G_1 + G_3 + G_4)(G_4 + G_5) - G_1^2(G_4 + G_5) - G_4^2(G_1 + G_2)$$

$$= (G_4 G_5)[G_3(G_1 + G_2)G_1 G_2] + G_4 G_5(G_1 + G_2)$$

und die Zähler-Determinante

$$D'_{ac} = \begin{vmatrix} (G_1 + G_2) & I_b & 0 \\ -G_1 & -I_c & -G_4 \\ 0 & I_d & (G_4 + G_5) \end{vmatrix}$$

$$= -I_c(G_1 + G_2)(G_4 + G_5) + I_b G_1(G_4 + G_5) + I_d G_4(G_1 + G_2)$$

bzw. die Spannung

$$U'_{ac} = D'_{ac}/D$$

$$= \frac{I_c(G_1 + G_2)(G_4 + G_5) + I_b G_1(G_4 + G_5) + I_d G_4(G_1 + G_2)}{(G_4 G_5)[G_3(G_1 + G_2)G_1 G_2] + G_4 G_5(G_1 + G_2)}$$

$$= \frac{-50\,A \cdot 3\,S \cdot 5\,S + 40\,A \cdot 1\,S \cdot 5\,S + 110\,A \cdot 4\,S \cdot 3\,S}{5\,S(2\,S \cdot 3\,S + 1\,S \cdot 2\,S) + 4\,S \cdot 1\,S \cdot 3\,S}$$

$$= 14,8\,V$$

und den gesuchten Strom $I_3 = G_3 U'_{ac} = 2\,S \cdot 14,8\,V = 29,6\,A$.

2.3.5 Umwandlung idealer Quellen

Auf eine Schaltung nach Abb. 2.56 kann man weder das Maschenstrom- noch das Knotenpunktpotential-Verfahren unmittelbar entsprechend Abschn. 2.3.4 anwenden, da es sowohl eine Spannungs- als auch eine Stromquelle enthält. Man kann

Abb. 2.56 Netzwerk

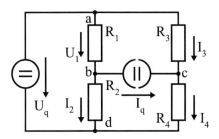

diese idealen Quellen auch nicht einfach umwandeln, da dies mit $R_i = 0$ bzw.
$G_i = 0$ nach Gl. 2.28 auf unendlich große Quellenspannungen oder -ströme führen
würde.

Man darf aber Quellen unter bestimmten Bedingungen verdoppeln oder verlegen, was wir nun an Beispielen erläutern wollen.

Verdopplung Wenn zu einer idealen Spannungsquelle nach Abb. 2.57a eine weitere nach Abb. 2.57b mit der gleichen Quellenspannung U_q parallelgeschaltet wird,
bleibt die an der angeschlossenen Schaltung liegende Spannung unverändert. Ebenso
darf man eine ideale Stromquelle nach Abb. 2.57c auch als Reihenschaltung von
zwei idealen Quellen nach Abb. 2.57d mit dem gleichen Quellenstrom I_q auffassen, und man kann umgekehrt, wie in Abb. 2.57 angedeutet, Verdopplungen wieder
rückgängig machen.

Durch Netzwerkumwandlungen ändern sich allerdings die Ströme und Spannungen der umgeformten Netzwerkteile, sodass man die Netzwerke nur so ändern
darf, dass die gesuchten Größen nicht betroffen werden. Wie diese Verdopplung
beim Umformen von idealen Quellen genutzt werden können, zeigen die folgenden
Beispiele.

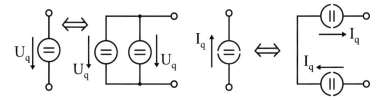

Abb. 2.57 Verdoppeln einer idealen Spannungsquelle (**a, b**) und einer idealen Stromquelle
(**c, d**)

Beispiel 97 Das Netzwerk in Abb. 2.56 besteht aus den Widerständen $R_1 = 1\ \Omega$, $R_2 = 2\ \Omega$, $R_3 = 3\ \Omega$ und $R_4 = 4\ \Omega$. Es liegt an der Quellenspannung $U_q = 10\ V$, und es fließt der Quellenstrom $I_q = 5\ A$. Es sollen die Ströme I_2 und I_4 bestimmt werden.

Man darf wie in Abb. 2.58a die Stromquelle verdoppeln und die Verbindungsleitung a–e einschalten, da in ihr wegen der gleichen eingeprägten Ströme I_q kein Strom fließt. Abb. 2.58b zeigt, dass jetzt zu jeder Stromquelle ein Widerstand parallel liegt und die Stromquellen daher in die gleichwertigen Spannungsquellen nach Abb. 2.58c umgewandelt werden dürfen. Man achte auf den erforderlichen Wechsel der Zählpfeilrichtungen (s. Abb. 2.36).

Die gesuchten Ströme findet man jetzt sofort über die Maschenregel, nämlich

$$I_2 = \frac{U_q - R_1 I_q}{R_1 + R_2} = \frac{10\ V - 1\ \Omega \cdot 5\ A}{1\ \Omega + 2\ \Omega} = 1{,}667\ A$$

$$I_4 = \frac{U_q - R_3 I_q}{R_3 + R_4} = \frac{10\ V - 3\ \Omega \cdot 5\ A}{3\ \Omega + 4\ \Omega} = 3{,}571\ A$$

Beispiel 98 Für das Netzwerk in Abb. 2.56 sollen jetzt mit den Daten von Beispiel 97 die Teilspannungen U_1 und U_4 berechnet werden.

Man kann wie in Abb. 2.59a die Spannungsquellen verdoppeln, unten die dann stromlose Verbindung auftrennen und schließlich die Spannungsquellen wie in Abb. 2.59b in Stromquellen umwandeln. Der Knotenpunktsatz ergibt dann die Teilspannungen

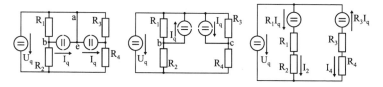

Abb. 2.58 Netzwerk von Abb. 2.56 mit verdoppelter Stromquelle (**a**, **b**) und umgewandelten Stromquellen (**c**)

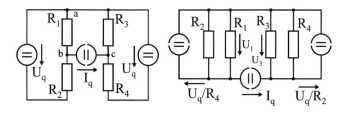

Abb. 2.59 Netzwerk von Abb. 2.56 mit verdoppelter Spannungsquelle (**a**) und umgewandelten Spannungsquellen (**b**)

$$U_1 = \frac{R_1 R_2}{R_1 + R_2}\left(I_q + \frac{U_q}{R_2}\right) = \frac{1\,\Omega \cdot 2\,\Omega}{1\,\Omega + 2\,\Omega}\left(5\,A + \frac{10\,V}{2\,\Omega}\right) = 6{,}667\,V$$

$$U_3 = \frac{R_3 R_4}{R_3 + R_4}\left(\frac{U_q}{R_4} - I_q\right) = \frac{3\,\Omega \cdot 4\,\Omega}{3\,\Omega + 4\,\Omega}\left(\frac{10\,V}{4\,\Omega} - 5\,A\right) = -4{,}286\,V$$

Eine Kontrolle mit den Ergebnissen von Beispiel 97 liefert die gleichen Teilspannungen

$$U_1 = R_1(I_2 + I_q) = 1\,\Omega\,(1{,}667\,A + 5\,A) = 6{,}667\,V$$

$$U_3 = R_3(I_4 - I_q) = 3\,\Omega\,(3{,}571\,A - 5\,A) = -4{,}286\,V$$

Verlegung Das Umwandeln des Netzwerks von Abb. 2.56 in die Schaltung von Abb. 2.59a kann man auch als Verlegen einer idealen Spannungsquelle ansehen. Dies ist offenbar, wie in Abb. 2.60b dargestellt, immer dann zulässig, wenn sich hierdurch unter Beachtung der Maschenregel an den Spannungssummen zwischen den Klemmen a–c, c–d und d–a nichts ändert.

Ebenso kann man nach Abb. 2.60d auch eine ideale Stromquelle derart verlegen, dass sich die Stromsummen für die Knotenpunkte a bis d nicht ändern. Der Übergang von Abb. 2.56 auf die Schaltung in Abb. 2.58b kann auch als eine solche Verlagerung von Stromquellen aufgefasst werden.

Man kann außerdem das Netzwerk in Abb. 2.56 unmittelbar in die Schaltung von Abb. 2.58c überführen, wenn man den Strom I_q als Kreisstrom in der Masche abc ansieht, Spannungsquellen mit den durch ihn verursachten Teilspannungen $R_1 I_q$ und $R_3 I_q$ vor die Widerstände R_1 und R_3 schaltet und stattdessen die Stromquelle

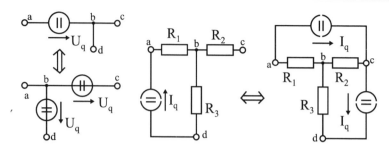

Abb. 2.60 Verlegung von idealen Spannungsquellen (**a, b**) und idealen Stromquellen (**c, d**)

mit dem Quellenstrom I_q fortlässt. Man sucht sich hierfür meist eine Masche aus, die einfache Umformung ermöglicht.

Beispiel 99 Die Schaltung in Abb. 2.61a enthält die Widerstände $R_1 = 10\,\Omega$, $R_2 = 2\,\Omega$, $R_3 = 3\,\Omega$, $R_4 = 4\,\Omega$ und Quellen mit der Quellenspannung $U_q = 10\ V$ und dem Quellenstrom $I_q = 5\ A$. Es soll der Strom I_4 bestimmt werden.

Wenn wir den Quellenstrom I_q als Maschenstrom in der äußeren Masche acd auffassen, wird er nur im Widerstand R_1 die Teilspannung $R_1 I_q$ hervorrufen, sodass dort eine Quelle mit dieser Quellenspannung entsprechend Abb. 2.61c vorzusehen ist. Hierauf kann nun das Maschenstromverfahren angesetzt werden. Es liefert die Matrizengleichung

$$\begin{bmatrix} (R_1 + R_2 + R_3) & -R_2 \\ -R_2 & (R_2 + R_4) \end{bmatrix} \cdot \begin{bmatrix} I_1' \\ I_4 \end{bmatrix} = \begin{bmatrix} R_1 I_q \\ U_q \end{bmatrix}$$

Daher gilt für den gesuchten Strom

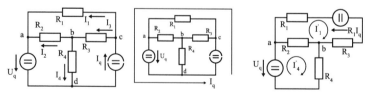

Abb. 2.61 Netzwerk (**a**) mit eingeprägtem Maschenstrom I_q (**b**) und nach Verlagerung der Stromquelle (**c**)

$$I_4 = I_4' = \frac{\begin{vmatrix} (R_1 + R_2 + R_3) & R_1 I_q \\ -R_2 & U_q \end{vmatrix}}{\begin{vmatrix} (R_1 + R_2 + R_3) & R_1 I_q \\ -R_2 & U_q \end{vmatrix}}$$

$$= \frac{U_q(R_1 + R_2 + R_3) + R_1 R_2 I_q}{(R_1 + R_2 + R_3)(R_2 + R_4) - R_2^2}$$

$$= \frac{10\,V\,(10\,\Omega + 2\,\Omega + 3\,\Omega) + 10 \cdot 2 \cdot 5\,A}{(10\,\Omega + 2\,\Omega + 3\,\Omega)(2\,\Omega + 4\,\Omega) - 2^2\Omega^2} = 2{,}907\,A$$

2.3.6 Eingeprägte Maschenströme und Knotenpunktpotentiale

Das in Abschn. 2.3.5 beschriebene Vorgehen ermöglicht zwar eine Vereinfachung von Netzwerken oder auch das schematische Aufstellen der Matrizengleichungen nach Abschn. 2.3.4 – es können aber dann nicht unmittelbar alle Ströme oder Spannungen berechnet werden, weil einzelne Netzwerkteile verfälscht sind. Wenn man jedoch für Netzwerke, die nebeneinander Spannungs- und Stromquellen enthalten, alle Zweigströme oder Teilspannungen bestimmen will, muss man wieder auf die ursprüngliche Ableitung in Abschn. 2.3.2 und 2.3.3 zurückgreifen. Die vorgegebenen Quellenspannungen und -ströme darf man als eingeprägte, also schon bestimmte Maschenströme bzw. Knotenpunktpotentiale auffassen und als solche in die Gleichungssysteme einführen, die dann auch durch sie reduziert werden. Das Vorgehen ergibt sich aus den folgenden Beispielen.

Beispiel 100   Für das Netzwerk in Abb. 2.61a sollen mit den Daten von Beispiel 99 alle Zweigströme ermittelt werden.

Wir wenden das Maschenstromverfahren an, haben daher mit dem eingeprägten Maschenstrom $I_q' = -I_q$ nur zwei unbekannte Maschenströme I_3' und I_4' und benötigen somit nur 2 Gleichungen. Analog zu Beispiel 93 finden wir die Spannungsgleichungen für

$$\text{Masche abc} \quad (R_1 + R_2 + R_3)I_3' - R_2 I_4' - R_1 I_q = 0$$

$$\text{Masche abd} \quad -R_2 I_3' + (R_2 + R_4)I_4' - U_q = 0$$

und deshalb die Matrizengleichung

$$
\begin{bmatrix} (R_1 + R_2 + R_3) & -R_2 \\ -R_2 & (R_2 + R_4) \end{bmatrix} \cdot \begin{bmatrix} I_3' \\ I_4' \end{bmatrix} = \begin{bmatrix} R_1 I_q \\ U_q \end{bmatrix}
$$

Sie ist schon in Beispiel 99 angegeben und liefert die Ströme $I_4' = 2{,}907\ A$ und $I_3' = 3{,}721\ A$ sowie die Zeigströme $I_1 = I_q - I_3' = 5\ A - 3{,}721\ A = 1{,}279\ A$, $I_2 = I_3' - I_4' = 3{,}721\ A - 2{,}907\ A = 0{,}814\ A$, $I_3 = I_3' = 3{,}721\ A$, $I_4 = I_4' = 2{,}907\ A$ und $I_5 = I_q - I_4' = 5\ A - 2{,}907\ A = 2{,}093\ A$.

Ein Vergleich von Abb. 2.61c und 2.62 zeigt, dass die Zweigströme erst durch Überlagern zu finden sind, in der Schaltung von Abb. 2.61c also teilweise andere Ströme fließen.

Beispiel 101   Für das Netzwerk von Abb. 2.61a sollen jetzt mit den Daten von Beispiel 99 alle Teilspannungen bestimmt werden.

Wir wenden das Knotenpunktpotential-Verfahren an, brauchen daher mit der eingeprägten Spannung $U_{da}' = U_q$ zunächst nur zwei Knotenpunktpotentiale zum Bezugsknotenpunkt d zu berechnen und benötigen somit auch nur 2 Gleichungen. Analog zu Beispiel 94 erhält man die Stromgleichungen für

Knoten b $-I_2 + I_3 - I_4 = 0$

Knoten c $-I_1 - I_3 + I_q = 0$

Wir ersetzen $I_1 = G_1(-U_q - U_{dc}')$ $I_2 = G_2(-U_q - U_{db}')$

$I_3 = G_3(U_{db}' - U_{dc}')$ $I_4 = -G_4 U_{db}'$

Abb. 2.62 Netzwerk mit Maschenströmen

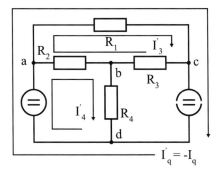

und wir finden über

$$G_2 U_q + G_2 U'_{db} + G_3 U'_{db} - G_3 U'_{dc} + G_4 U'_{db} = 0$$
$$G_1 U_q + G_1 U'_{dc} - G_3 U'_{db} + G_3 U'_{dc} + I_q = 0$$

die Matrizengleichung

$$\begin{bmatrix} (G_2 + G_3 + G_4) & -G_2 \\ -G_2 & (G_1 + G_3) \end{bmatrix} \cdot \begin{bmatrix} U'_{db} \\ U'_{dc} \end{bmatrix} = \begin{bmatrix} -G_2 U_q \\ -I_q - G_1 U_q \end{bmatrix}$$

Mit $G = 1/R$ liefert sie die Lösungen $U'_{db} = -11{,}63\ V = -U_4$ und $U'_{dc} = -22{,}79\ V$ und somit die Teilspannungen $U_1 = -U_q - U'_{dc} = -10\ V + 22{,}79\ V = 12{,}79\ V$, $U_2 = -U_q - U'_{db} = -10\ V + 11{,}63\ V = 1{,}628\ V$ und $U_3 = U'_{db} - U'_{dc} = -11{,}63\ V + 22{,}79\ V = 11{,}16\ V$. Eine Kontrolle mit dem Maschensatz und den Ergebnissen von Beispiel 100 bestätigt diese Lösung (Abb. 2.63).

Übungsaufgaben zu Abschn. 2.3 (Lösung im Anhang):

Beispiel 102 Das Netzwerk in Abb. 2.64 enthält die Widerstände $R_1 = 10\ \Omega$, $R_2 = 20\ \Omega$, $R_3 = 15\ \Omega$ und die Quellenspannungen $U_{q1} = 24\ V$, $U_{q2} = 26\ V$ und $U_{q3} = 12\ V$. Der Strom I_1 ist zu bestimmen.

Abb. 2.63 Netzwerk mit Knotenpunktpotentialen

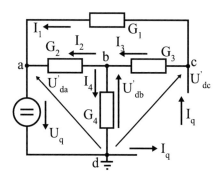

Abb. 2.64 Netzwerk

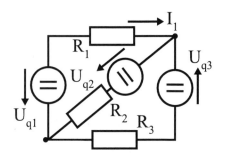

Beispiel 103 Das Netzwerk in Abb. 2.65 weist die Widerstände $R_1 = 2\ \Omega$, $R_2 = 10\ \Omega$, $R_3 = 20\ \Omega$, $R_4 = 4\ \Omega$, $R_5 = 3\ \Omega$, $R_6 = 7\ \Omega$ auf und wird mit den Quellenspannungen $U_{q1} = 110\ V$, $U_{q2} = 130\ V$ gespeist. Der Strom I_5 durch den Widerstand R_5 ist zu berechnen.

Beispiel 104 Die Widerstände und Quellenspannungen von Beispiel 103 sind jetzt wie in Abb. 2.66 geschaltet. Die Ströme I_4 und I_5 sind zu bestimmen.

Abb. 2.65 Netzwerk

Abb. 2.66 Netzwerk

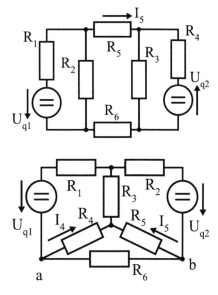

Abb. 2.67 Netzwerk

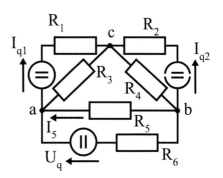

Beispiel 105   Das Netzwerk in Abb. 2.67 enthält die Widerstände $R_1 = 10\,\Omega$, $R_2 = 20\,\Omega$, $R_3 = 40\,\Omega$, $R_4 = 50\,\Omega$, $R_5 = 60\,\Omega$, $R_6 = 5\,\Omega$, die Quellenströme $I_{q1} = 100\,A$, $I_{q2} = 120\,A$ und die Quellenströme $U_q = 230\,V$. Der Strom I_5 ist zu bestimmen.

Beispiel 106   Das Netzwerk von Beispiel 105 und Abb. 2.67 soll den Widerstand $R_4 = \infty$ aufweisen. Wie groß ist jetzt der Strom I_5?

Beispiel 107   Das Netzwerk von Beispiel 104 in Abb. 2.66 habe den Widerstand $R_4 = \infty$; hierfür ist der Strom I_5 zu bestimmen.

Beispiel 108   Das Netzwerk von Beispiel 104 in Abb. 2.66 soll den Widerstand $R_4 = 0$ haben. Wie groß ist jetzt der Strom I_5?

Beispiel 109   Wie groß muss in dem Netzwerk nach Abb. 2.66 und den übrigen Werten von Beispiel 104 der Widerstand R_6 für den Fall der Leistungsanpassung sein?

Beispiel 110   Bei welchem Widerstandswert R_5 wird welche größtmögliche Leistung P_{5max} in der Schaltung von Abb. 2.67 und den übrigen Daten von Beispiel 105 umgesetzt?

Beispiel 111   Die Beispiele 1, 46, 67, 68, 69, 87 und 91 sind durch Anwenden des Maschenstrom- bzw. Knotenpunktpotential-Verfahrens zu lösen. Die Lösungen findet man unter zugehörigen Nummer im Anhang.

2.4   Zusammenfassung

In diesem Abschnitt werden Grundgesetze zunächst mit einfacheren Stromkreisen betrachtet und ihre Eigenschaften erklärt. In diesen Stromkreisen sind die wichtigen Bestandteile unverzweigter Stromkreise Quellen und Verbraucher.

Zunächst werden daher die Eigenschaften der Quellen und die Gesetze der Energieübertragung von der Quelle auf den Verbraucher untersucht. Hierbei sollen auch nichtlineare Schaltungselemente betrachtet werden.

Abschließend werden die für einfachere verzweigte Stromkreise entwickelten Berechnungsverfahren untersucht und zum Schluss die allgemeineren Verfahren für lineare Maschennetze behandelt.

In diesem Teil des Buches sind viele Beispiele, die Fragestellungen, die Lösungen und die Berechnungsmethodik für das Selbststudium aufgezeigt und zusammengestellt. Die Aufgaben sollten zuerst selbstständig gelöst werden. Nur bei Schwierigkeiten ist der Lösungsweg heranzuziehen.

Literatur

1. Vaske, P.: Elektrotechnik mit BASIC-Rechnern (SHARP), Stuttgart 1984

Weiterführende Literatur

2. Moeller, F.; Fricke, H.; Frohne, H.; Vaske, P.: Grundlagen der Elektrotechnik, ISBN 978-3834808981 Stuttgart 2011
3. A. Fuhrer, K. Heidemann, W. Nerreter, Grundgebiete der Elektrotechnik, Band 3 (Aufgaben), Carl Hanser Verlag, 2008
4. Nelles, Dieter; Nelles Oliver: Grundlagen der Elektrotechnik zum Selbststudium (Set), Set bestehend aus: Band 1: Gleichstromkreise, 2., neu bearbeitete Auflage 2022, 280 Seiten, Din A5, Festeinband ISBN 978-3-8007-5640-7, E-Book: ISBN 978-3-8007-5641-4
5. Fricke, H., Vaske, P.: Elektrische Netzwerke, Stuttgart 1982
6. Bosse, G.: Grundlagen der Elektrotechnik. Mannheim 1966–1978 H., Einführung in die Elektrotechnik, Stuttgart 1977–1979
7. Haug, A.: Grundzüge der Elektrotechnik, München 1975
8. Höhnle, A.: Elektrotechnik mit dem Taschenrechner, Stuttgart 1981
9. Lange, D.: Algorithmen der Netzwerkanalyse für programmierbare Taschenrechner (HP 41C), Braunschweig 1981
10. Lunze, K.: Einführung in die Elektrotechnik, Heidelberg 1978
11. Lunze: Berechnung elektrischer Stromkreise, Heidelberg 1974
12. Pregla, R.: Grundlagen der Elektrotechnik, Heidelberg 1979–1980

13. Altmann, S.; Schlayer, D: Lehr- und Übungsbuch Elektrotechnik. Fachbuchverlag Leipzig im Carl-Hanser Verlag, 4. Auflage, 2008
14. Führer, A; Heidemann, K.; u. a.: Grundgebiete der Elektrotechnik. Band 2: zeitabhängige Vorgänge, Carl Hanser Verlag
15. Frohne, H; Löchner, K.-H.; Müller, H.: Grundlagen der Elektrotechnik. B.G. Teubner, Stuttgart
16. Hagmann, G.: Grundlagen der Elektrotechnik. AULA-Verlag Wiesbaden
17. Hagmann, G.: Aufgabensammlung zu den Grundlagen der Elektrotechnik. AULA-Verlag, Wiesbaden
18. Lunze, K.: Berechnung elektrischer Stromkreise. Verlag Technik, Berlin Springer Verlag, Berlin/Heidelberg/New York
19. Lunze, K.; Wagner, W.: Einführung in die Elektrotechnik (Arbeitsbuch) Hüthig Verlag, Heidelberg
20. Marinescu, M.: Gleichstromtechnik. Grundlagen und Beispiele. Vieweg Verlag
21. Vömel, M.; Zastrow, D.: Aufgabensammlung Elektrotechnik. Band 1: Gleichstrom und elektrisches Feld, Vieweg Verlag, 4. Auflage, 2006
22. Weißgerber, W.: Elektrotechnik für Ingenieure Band 1: Gleichstromtechnik und Elektromagnetisches Feld, Vieweg Verlag, 7. Auflage, 2007
23. Zastrow, D.: Elektrotechnik Vieweg Verlag, 16. Auflage, 2006

Einsatz von Taschenrechnern

3

Numerische Lösungen sucht man heute vorzugsweise mit Taschenrechnern. Um ihre Möglichkeiten gut nutzen zu können, sollte man einige Gesichtspunkte beachten, die hier zusammengestellt sind. Ausführlichere Hinweise enthält z. B. [3].

3.1 Manuelles Rechnen

Auch Taschenrechner können falsche Berechnungen nicht ausschließen; man kann sie jedoch durch Anwenden von taschenrechnerfreundlichen Bestimmungsgleichungen erheblich einschränken. Fehler macht nämlich im allgemeinen nicht der Rechner, sondern sein Benutzer – z. B. beim Eintasten der Zahlenwerte. Daher sollte man auch vermeiden, sie mehrfach eingeben oder zwischenspeichern zu müssen. Mit ingenieurgerechten Anzeigeformaten sollte man außerdem von vomeherein den Informationsfluss auf das notwendige Maß begrenzen.

3.1.1 Taschenrechnerfreundliche Bestimmungsgleichungen

Folgende Beispiele zeigen, wie man das mehrfache Eingeben bestimmter Zahlenwerte vermeiden kann.

Parallelschaltung Der Ersatzwiderstand von 2 parallelen Widerständen lässt sich nach Gl. 1.25 bestimmen; man muss dann aber die Widerstandswerte R_1 und R_2 zweimal eingeben oder ihre Werte zwischenspeichern. Beides begünstigt Fehler. Für den Ersatzwiderstand einer beliebigen Anzahl n von Widerständen gilt aber

I. Kasikci, *Gleichstromschaltungen*, https://doi.org/10.1007/978-3-662-70037-2_3

auch

$$R = \frac{1}{\frac{1}{R_1} + \frac{1}{R_2} + \cdots + \frac{1}{R_n}} \qquad (3.1)$$

Hier sind die Zahlenwerte nur einmal einzutasten; allerdings sind mehrfach Kehrwerte zu bilden, was mit der entsprechenden Taste 1/x keine Schwierigkeiten bereitet.

Beispiel 112 Mit drei Widerständen, nämlich $R_1 = 1\ k\Omega$ und $R_2 = 500\ \Omega$, sol der Gesamtwiderstand $R = 125\ \Omega$ verwirklicht werden. Wie groß muss der 3. Widerstand R_3 sein?

Das Umstellen von Gl. 3.1 liefert die Bestimmungsgleichung

$$R_3 = \frac{1}{\frac{1}{R} - \frac{1}{R_1} - \frac{1}{R_2}}$$

Sie erfordert bei einem AOS-Rechner den Rechengang

Größe	Eingabe	Befehle	Anzeige	Größe
R	125	$1/x\ -$	0.008	
R_1	1000	$1/x\ -$	0.007	
R_2	500	$1/x\ = 1/x$	200.	R_3

Es ist also der Widerstand $R_3 = 200\ \Omega$ vorzusehen.

Spannungs- nud Stromteiler Die Gleichungen in Tab. 1.5 sollte man zum Auswerten mit Taschenrechnern ebenfalls zweckmäßig umschreiben. Bei der Gesamtspannung U und den in Reihe liegenden Widerständen R_1 und R_2 berechnet man z. B. die Teilspannung am Widerstand R_1 am einfachsten aus

$$U_1 = \frac{U}{1 + (R_2/R_1)} \qquad (3.2)$$

Analog gilt bei dem Gesamtstrom I, der durch die Parallelschaltung der Widerstände R_1 und R_2 fließt, für den Teilstrom im Widerstand R_1

$$I_1 = \frac{I}{1 + (R_1/R_2)} \qquad (3.3)$$

Man beachte den Tausch der Indizes in Gl. 3.2 und 3.3!

3.1.2 Anzeigeformat

Wenn man Beispiel 112 für beliebige Zahlenwerte durchrechnet, erhält man im allgemeinen Fall je nach Rechner ein Ergebnis mit 8 oder 10 Ziffern. Intern arbeiten Taschenrechner sogar mit bis zu 13 Stellen. Elektrische Messgeräte liefern jedoch Messergebnisse, die meist schon in der 3. oder 4. Stelle unsicher , d. h. fehlerhaft sind. Es ist daher meist wenig sinnvoll, 8 Ziffern oder mehr als Ergebnis anzugeben. Fast immer genügen 4 Ziffern, um mit diesem Wert vernünftig weiterrechnen zu können. Einen solchen Wert kann man sich auch noch merken, während die weiteren Stellen eine überflüssige Information darstellen, die das Arbeiten mit ihr nur erschweren.

Taschenrechner bieten meist mehrere Möglichkeiten zur Wahl des Anzeigeformats [3] und runden die letzten Stellen entsprechend DIN 1333. Wenn man nur in engen Zahlenbereichen zu rechnen hat, genügt eine Festkomma-Einstellung. Mit dem Exponentialformat kann man große Zahlenbereiche überstreichen; mit dem technischen Anzeigeformat werden außerdem nur durch 3 teilbare Zehnenpotenzen angezeigt, was das Anwenden von Vorsätzen für die Einheiten erheblich erleichtert.

Allgemein zu empfehlen sind kombinierte Anzeigeformate (z. B. von Festkomma-Einstellung und Exponentialformat oder technischem Anzeigeformat), da man so am einfachsten die Anzeige auf die erforderliche Stellenzahl in einem großen Zahlenbereich begrenzen kann [3].

3.2 Taschenrechnerprogramme

In der Elektronik kann man vorteilhaft und in vielfältiger Weise Taschenrechnerprogramme einsetzen [1, 4, 5]. Zum Programmieren eignen sich einige Verfahren besonders gut, was hier kurz herausgestellt werden soll.

3.2.1 Rekursives Vorgehen

Berechnungsverfahren, die eine stets gleiche Rechenvorschrift (d. i. ein Algorithmus) mehrfach nacheinander anwenden, sodass ein Rechenschritt auf den vorhergehenden aufbaut, eigenen sich besonders gut, um mit Digitalrechnern abgearbeitet zu

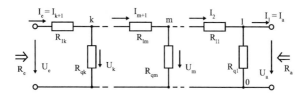

Abb. 3.1 Ketten-Netzwerk

werden. Dieses rekursive Vorgehen soll hier an einem einfachen Beispiel erläutert werden.

Viele Netzwerke lassen sich auf eine Kettenschaltung von k L-Gliedern nach Abb. 3.1 zurückführen. Jedes L-Glied besteht aus einem Querwiderstand R_{qm} und einem Längswiderstand R_{lm}, wobei jeder für sich eine beliebige Widerstandskombination sein darf. Zu den oberen k Knotenpunkten kommt noch der untere Knotenpunkt 0 hinzu, sodass insgesamt (k + 1) echte Knotenpunkte auftreten.

Man kann die Eigenschaften eines solchen Netzwerks bestimmen, indem man eine Ausgangsgröße (z. B. die Spannung $U_a' = 1\ V$) vorgibt und ihre Kenngrößen vom Schaltungsende zum Anfang hin berechnet. Es gilt dann bei Anwenden der Kirchhoffschen Gesetze in rekursiver Weise für die Teilströme

$$I_{m+1}' = I_m' + (U_m'/R_{qm}) \tag{3.4}$$

und die Teilspannungen

$$U_{m+1}' = U_m' + R_{lm}I_{m+1}' \tag{3.5}$$

Man kann so unmittelbar bei vorgegebener Eingangsspannung U_e das Spannungsverhältnis

$$U_a/U_e = U_a'/U_e' \tag{3.6}$$

oder bei eingeprägtem Eingangsstrom I_e das Verhältnis

$$U_a/I_e = U_a'/I_e' \tag{3.7}$$

bestimmen. Man kann auch außerdem am Ausgang einen Kurzschlussstrom (z. B. $I_{ak}'' = 1\ A$) vorgeben und so das Verhältnis

$$I_{ak}/U_e = I_{ak}''/U_e'' \tag{3.8}$$

und hiermit den Ausgangswiderstand

$$R_a = R_{iE} = \frac{U_a'}{U_e'} \cdot \frac{U_e''}{I_{ak}''} \qquad (3.9)$$

berechne, der zugleich der Innenwiderstand R_{iE} der zugehörigen **Ersatzquelle** ist.
Aus Gl. 3.6 und 3.7 kann man die Ausgangsspannung U_a und somit die Quellenspannung $U_{qE} = U_{al}$ einer Ersatz-Spannungsquelle bestimmen sowie aus Gl. 3.8
den Quellenstrom $I_{qE} = I_{ak}$ einer Ersatz-Stromquelle.
Daneben lässt sich der **Eingangswiderstand**

$$R_e = \frac{U_e}{I_e} = \frac{U_a'}{I_e'} \cdot \frac{U_e'}{U_a'} \qquad (3.10)$$

angeben. Diese für Gleichstrom gezeigte Vorgehen hat besondere Vorteile für
Sinusstrom, wenn alle Größen sofort komplex berechnet werden. Man kann dann
z. B. vollständige Frequenzgänge bestimmen [3].
    Nicht vorhandene Querwiderstände darf man bei diesem schematischen Vorge-
hen durch sehr große Werte (z. B. $1 \cdot 10^{30}\,\Omega$) und fehlende Längswiderstände durch
sehr kleine (z. B. $1 \cdot 10^{-30}\,\Omega$) ersetzen. Mit dem folgenden Beispiel wird gezeigt,
welche einfachen und ständig zu wiederholenden Rechengänge in ein Programm
zu übersetzen sind.

Beispiel 113 Das Netzwerk in Abb. 3.2 besteht aus den Widerständen $R_1 =$
$1\,\Omega$, $R_2 = 20\,\Omega$, $R_3 = 3\,\Omega$, $R_4 = 40\,\Omega$, $R_5 = 5\,\Omega$, $R_6 = 60\,\Omega$ und liegt an
der Spannung $U_e = 80\,V$. Es sollen Ausgangsspannung U_a, Eingangsstrom I_e und
Eingangswiderstand R_e bestimmt werden.

Wir setzen die Spannung $U_a' = 1\,V$ voraus und erhalten nacheinander die Ströme
und Spannungen

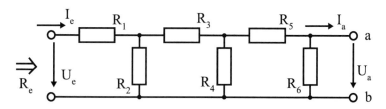

Abb. 3.2 Kettenschaltung

$$I_5' = I_6 = U_a'/R_6 = 1\ V/(60\ \Omega) = 0{,}01667\ A$$

$$U_4' = U_a' + R_5 I_5' = 1\ V + 5\ \Omega \cdot 0{,}01667\ A = 1{,}083\ V$$

$$I_3' = I_5' + \frac{U_4'}{R_4} = 0{,}01667\ A + \frac{1{,}083\ V}{40\ \Omega} = 0{,}04375\ A$$

$$U_2' = U_4' + R_3 I_3' = 1{,}083\ V + 3\ \Omega \cdot 0{,}04375\ A = 1{,}215\ V$$

$$I_1' = I_e' = I_3' + \frac{U_2'}{R_2} = 0{,}04375\ A + \frac{1{,}215\ V}{20\ \Omega} = 0{,}1045\ A$$

Daher betragen nach Gl. 3.6, 3.7 und 3.10 die tatsächliche Ausgangsspannung

$$U_a = U_e U_a'/U_e' = 100\ V \cdot 1\ V/(1{,}319\ V) = 75{,}79\ V$$

der Eingangsstrom

$$I_e = I_e' U_a/U_a' = 0{,}1045\ A \cdot 75{,}79\ V/(1\ V) = 7{,}92\ A$$

und der Eingangswiderstand

$$R_e = U_e/I_e = 100\ V/(7{,}92\ A) = 12{,}63\ \Omega$$

Beispiel 114   Die Schaltung von Abb. 3.2 ist für die Klemmen a und b in eine Ersatzquelle umzuwandeln. Für sie sollen Quellenspannung U_{qE}, Quellenstrom I_{qE} und innerer Widerstand R_{iE} berechnet werden.

Die Ersatz-Quellenspannung ist nach Beispiel 113 $U_{qE} = U_a = 75{,}79\ V$. Den Ersatz-Quellenstrom findet man nach Annahme von $I_{ak}'' = 1\ A$ und $U_a'' = 0$ über eine fortgesetzte Berechnung analog zu Beispiel 113, wobei der Strom I_6'' vernachlässigt, also $I_5'' = I_{ak}''$ gesetzt werden darf. So erhält man

$$U_4'' = R_5 I_5'' = 5\,\Omega \cdot 1\,A = 5\,V$$

$$I_3'' = I_5'' + \frac{U_4''}{R_4} = 1\,A + \frac{5\,V}{40\,\Omega} = 1{,}125\,A$$

$$U_2'' = U_4'' + R_3 I_3'' = 5\,V + 3\,\Omega \cdot 1{,}125\,A = 8{,}375\,V$$

$$I_1'' = I_3'' + \frac{U_2''}{R_2} = 1{,}125\,A + \frac{8{,}375\,V}{2\,\Omega} = 5{,}313\,A$$

$$U_e'' = U_2'' + R_1 I_1'' = 8{,}375\,V + 1\,\Omega \cdot 5{,}313\,A = 13{,}69\,V$$

Der Ersatz-Quellenstrom beträgt somit nach Gl. 3.8

$$I_{qE} = I_{ak} = U_e I_{ak}''/U_e'' = 100\,V \cdot 1\,A/(13{,}69\,V) = 7{,}306\,A$$

3.2.2 Lineare Gleichungssysteme

Unfangreiche Netzwerke, deren Zweigströme oder Teilspannungen berechnet werden sollen, führen beim Aufstellen von Strom- und Spannungsgleichungen zu linearen Gleichungssystemen, die man grundsätzlich, wie im Anhang erläutert, manuell über Determinanten lösen kann. Schon mehr als 3 Unbekannte erfordern dann einigen Aufwand, sodass Taschenrechnerprogramme hier eine begrüßenswerte Erleichterung bringen können.

Für das Lösen linearer Gleichungssysteme wurden mehrere Verfahren entwickelt [2]; für Taschenrechnerprogramme eignet sich insbesondere das leicht zu programmierende Eliminationsverfahren nach Gauß [5]. Wenn etwa 100 Datenspeicher zur Verfügung stehen, kann man beispielsweise noch Gleichungssysteme mit 8 Unbekannten lösen.

Maschenstrom- und Knotenpunktpotential-Verfahren führen nach Abschn. 2.3 außerdem stets auf Gleichungssysteme mit trischer Koeffizienten- (Widerstands- oder Leitwert-) **Matrix**. In diesem Fall kann man Datenspeicher einsparen, sodass man bei rund 100 verfügbaren Datenspeichern noch Gleichungssysteme mit 12 Unbekannten zu lösen vermag.

Nach Abschn. 2.3.4 sind außerdem die Gleichungssysteme, die sich beim Anwenden von Maschenstrom- und Knotenpunktpotential-Verfahren ergeben, ganz schematisch aufgebaut, sodass man ihr Zusammenstellen auch dem Taschenrechnerprogramm überlassen kann [5]. Man braucht dann nur mit einem Code, der die Lage von Widerstand, Leitwert oder Quelle festhält, vorzuschreiben, an welche Stelle der Matrizengleichung der eingegebene Wert zu bringen ist.

Das Eliminationsverfahren arbeitet mit Differenzen. Sie können größere Fehler verursachen, wenn sie klein werden. Daher darf man hier auch meist nicht, wie in Abschn. 3.1.2 angewandt, sehr kleine oder sehr große Widerstände in das vorliegende Netzwerk einfügen.

Beispiel 115 Für das Netzwerk in Abb. 3.3 a sollen mit den Daten von Beispiel 97 alle Zweigströme bestimmt werden.

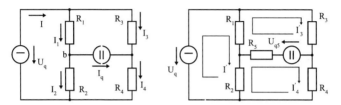

Abb. 3.3 Netzwerk

Wir wollen das Maschenstrom-Verfahren anwenden und müssen daher die Stromquelle in eine Spannungsquelle umwandeln. Wir nehmen einen sehr großen Widerstand $R_5 = 1 \cdot 10^{20}$ Ω parallel zur Stromquelle an und dürfen sie dann, wie in Abb. 3.3 b dargestellt, durch eine Spannungsquelle mit der Quellenspannung $U_{q5} = R_5 I_q = 1 \cdot 10^{20} \cdot 5\,A = 5 \cdot 10^{20}\,A$ ersetzen. Für die in Abb. 3.3b eingetragenen Maschenströme erhält man somit die Matrizengleichung für die Zahlwerte

$$
\begin{bmatrix}
3 & -1 & -2 \\
-1 & 1 \cdot 10^{20} & -1 \cdot 10^{20} \\
-2 & -1 \cdot 10^{20} & 1 \cdot 10^{20}
\end{bmatrix}
\cdot
\begin{bmatrix}
\{I'\} \\
\{I'_3\} \\
\{I'_4\}
\end{bmatrix}
=
\begin{bmatrix}
10 \\
-5 \cdot 10^{20} \\
5 \cdot 10^{20}
\end{bmatrix}
$$

Dieses Gleichungssystem hat die Koeffizienten-Determinante D = 0 und ist daher nicht lösbar.

Setzen wir den Widerstand $R_5 = 1\,k\Omega$ voraus, ist $U_{q5} = R_5 I_q = 1\,k\Omega \cdot 5\,A = 5\,kV$, und es ergibt sich die Matrizengleichung

$$
\begin{bmatrix}
3 & -1 & -2 \\
-1 & 1004 & -1000 \\
-2 & -1000 & 1006
\end{bmatrix}
\cdot
\begin{bmatrix}
\{I'\} \\
\{I'_3\} \\
\{I'_4\}
\end{bmatrix}
=
\begin{bmatrix}
10 \\
-5000 \cdot 10^{20} \\
5000 \cdot 10^{20}
\end{bmatrix}
$$

Man findet über ein Modulprogramm sehr schnell die Ströme $I' = 5{,}237\,A$, $I_3' = -1{,}422\,A = I_3$ und $I_4' = 3{,}567\,A = I_4$, was schon in den ersten 3 Ziffern mit den Ergebnissen von Beispiel 97 und 98 übereinstimmt.

Man kann hier aber auch die Strom- und Spannungsgleichungen mit den Kirchhoffschen Gesetzen aufstellen und findet dann für die Knoten

$$\text{a:}\quad I - I_1 - I_3 = 0 \qquad\qquad \text{b:}\quad I_1 - I_2 = I_q$$
$$\text{c:}\quad I_3 - I_4 = -I_q$$

und die Maschen

$$\text{abd:}\quad R_1 I_1 + R_2 I_2 = U_q \qquad\qquad \text{acd:}\quad R_3 I_3 + R_4 I_4 = U_q$$

Daher ist die Matrizengleichung der Zahlenwerte

$$
\begin{bmatrix}
1 & -1 & 0 & -1 & 0 \\
0 & 1 & -1 & 0 & 0 \\
0 & 0 & 0 & 1 & -1 \\
0 & 1 & 2 & 0 & 0 \\
0 & 0 & 0 & 3 & 4
\end{bmatrix}
\cdot
\begin{bmatrix}
\{I\} \\
\{I_1\} \\
\{I_2\} \\
\{I_3\} \\
\{I_4\}
\end{bmatrix}
=
\begin{bmatrix}
0 \\
5 \\
-5 \\
10 \\
10
\end{bmatrix}
$$

zu lösen. Mit einem Taschenrechnerprogramm kann man hierfür sofort die Ergebnisse von Beispiel 97 und 98 finden.

3.3 Zusammenfassung

Numerische Lösungen sucht man heute vorzugsweise mit Taschenrechnern (manuelles Rechnen) oder Software-Programmen (automatisch) wie Matlab oder PSpice. Um ihre Möglichkeiten gut nutzen zu können, sollte man einige Gesichtspunkte beachten, die in diesem Teil zusammengestellt sind.

Alle Taschenrechner können falsche Berechnungen nicht ausschließen; man kann sie jedoch durch Anwenden von taschenrechnerfreundlichen Bestimmungsgleichungen erheblich einschränken. Fehler entstehen im Allgemeinen nicht durch den Rechner, sondern sein Benutzer. Daher sollte man auch vermeiden, sie mehrfach eingeben oder zwischenspeichern zu müssen. Mit ingenieurgerechten Anzeigeformaten sollte man außerdem von vorneherein den Informationsfluss auf das notwendige Maß begrenzen.

In diesem Teil des Buches sind viele Beispiele, die Fragestellungen, die Lösungen und die Berechnungsmethodik für das Selbststudium aufgezeigt und zusammengestellt. Die Aufgaben sollten zuerst selbstständig gelöst werden. Nur bei Schwierigkeiten ist der Lösungsweg heranzuziehen.

Literatur

1. Moeller, F.; Fricke, H.; Frohne, H.; Vaske, P.: Grundlagen der Elektrotechnik, ISBN 978-3834808981 Stuttgart 2011
2. Haug, A.: Grundzüge der Elektrotechnik, München 1975
3. Vaske, P.: Elektrotechnik mit BASIC-Rechnern (SHARP), Stuttgart 1984
4. Altmann, S.; Schlayer, D: Lehr- und Übungsbuch Elektrotechnik. Fachbuchverlag Leipzig im Carl-Hanser Verlag, 4. Auflage, 2008
5. Hagmann, G.: Grundlagen der Elektrotechnik. AULA-Verlag Wiesbaden

Weiterführende Literatur

6. A. Fuhrer, K. Heidemann, W. Nerreter, Grundgebiete der Elektrotechnik, Band 3 (Aufgaben), Carl Hanser Verlag, 2008
7. Nelles, Dieter; Nelles Oliver: Grundlagen der Elektrotechnik zum Selbststudium (Set), Set bestehend aus: Band 1: Gleichstromkreise, 2., neu bearbeitete Auflage 2022, 280 Seiten, Din A5, Festeinband ISBN 978-3-8007-5640-7, E-Book: ISBN 978-3-8007-5641-4
8. Fricke, H., Vaske, P.: Elektrische Netzwerke, Stuttgart 1982
9. Bosse, G.: Grundlagen der Elektrotechnik. Mannheim 1966–1978 H., Einführung in die Elektrotechnik, Stuttgart 1977–1979
10. Höhnle, A.: Elektrotechnik mit dem Taschenrechner, Stuttgart 1981
11. Lange, D.: Algorithmen der Netzwerkanalyse für programmierbare Taschenrechner (HP 41C), Braunschweig 1981
12. Lunze, K.: Einführung in die Elektrotechnik, Heidelberg 1978
13. Lunze: Berechnung elektrischer Stromkreise, Heidelberg 1974
14. Pregla, R.: Grundlagen der Elektrotechnik, Heidelberg 1979–1980
15. Führer, A; Heidemann, K.; u. a.: Grundgebiete der Elektrotechnik. Band 2: zeitabhängige Vorgänge, Carl Hanser Verlag
16. Frohne, H; Löchner, K.-H.; Müller, H.: Grundlagen der Elektrotechnik. B.G. Teubner, Stuttgart
17. Hagmann, G.: Aufgabensammlung zu den Grundlagen der Elektrotechnik.AULA-Verlag Wiesbaden
18. Lunze, K.: Berechnung elektrischer Stromkreise.Verlag Technik, Berlin Springer Verlag, Berlin/Heidelberg/New York
19. Lunze, K.; Wagner, W.: Einführung in die Elektrotechnik (Arbeitsbuch) Hüthig Verlag, Heidelberg
20. Marinescu, M.: Gleichstromtechnik. Grundlagen und Beispiele. Vieweg Verlag

21. Vömel, M.; Zastrow, D.: Aufgabensammlung Elektrotechnik. Band 1: Gleichstrom und elektrisches Feld, Vieweg Verlag, 4. Auflage, 2006

22. Weißgerber, W.: Elektrotechnik für Ingenieure Band 1: Gleichstromtechnik und Elektromagnetisches Feld, Vieweg Verlag, 7. Auflage, 2007

23. Zastrow, D.: Elektrotechnik Vieweg Verlag, 16. Auflage, 2006

Anhang

Lösungen von linearen Gleichungssystemen mit mehreren Unbekannten über Determinanten

In linearen Gleichungssystemen kommen die n Unbekannten x_i nur in der ersten Potenz vor. Diese Systeme haben die allgemeine Form

$$
\begin{array}{llllll}
(1) & a_{11}x_1 & +a_{12}x_2 & +a_{13}x_3 & +\cdots & +a_{1n}x_n = b_1 \\
(2) & a_{21}x_1 & +a_{22}x_2 & +a_{23}x_3 & +\cdots & +a_{2n}x_n = b_2 \\
& \vdots & \vdots & \vdots & \vdots & \vdots \quad\vdots \\
(n) & a_{n1}x_1 & +a_{n2}x_2 & +a_{n3}x_3 & +\cdots & +a_{nn}x_n = b_n
\end{array}
\tag{A.1}
$$

Die Koeffizienten a_{ik} und die konstanten Größen b_i sind vorgegeben. Der Index i gibt die Nummer der waagerechten **Zeile,** der Index k die der senkrechten **Spalte** an. Das System lösen heißt, n Größen x_1, x_2..x_n finden, die zusammen jede der n Gleichungen erfüllen. Zur Berechnung der n Unbekannten müssen daher n voneinander unabhängige Gleichungen vorliegen.

Lineare Maschennetze werden stets durch lineare Gleichungssysteme beschrieben. Das Aufstellen dieser voneinander unabhängigen Spannungs- oder Stromgleichungen wird in Abschn. 1.5.6 und 2.3.2 bis 2.3.4 ausführlich behandelt. Die unbekannten Größen x_1 können daher gesuchte Ströme I_μ oder Spannungen U_μ, die Koeffizienten a_{ik} bekannte Widerstände R_μ oder Leitwerte G_μ und die Größen b_i vorgegebene Ströme I_μ oder bekannte Spannungen U_μ (z. B. Quellenspannungen $U_{q\mu}$) sein.

Das Gleichungssystem (A.1) kann man auch als **Matrizengleichung**

© Der/die Herausgeber bzw. der/die Autor(en), exklusiv lizenziert an Springer-Verlag GmbH, DE, ein Teil von Springer Nature 2025
I. Kasikci, *Gleichstromschaltungen*,
https://doi.org/10.1007/978-3-662-70037-2

$$\begin{bmatrix} a_{11} & a_{12} & a_{13} & \cdots & a_{1n} \\ a_{21} & a_{22} & a_{23} & \cdots & a_{2n} \\ \vdots & \vdots & \vdots & & \vdots \\ a_{n1} & a_{n2} & a_{n3} & \cdots & a_{nn} \end{bmatrix} \cdot \begin{bmatrix} x_1 \\ x_2 \\ \vdots \\ x_n \end{bmatrix} = \begin{bmatrix} b_1 \\ b_2 \\ \vdots \\ b_n \end{bmatrix} \qquad (A.2)$$

mit der **Koeffizienten-Determinante**

$$D = \begin{vmatrix} a_{11} & a_{12} & a_{13} & \cdots & a_{1n} \\ a_{21} & a_{22} & a_{23} & \cdots & a_{2n} \\ \vdots & \vdots & \vdots & & \vdots \\ a_{n1} & a_{n2} & a_{n3} & \cdots & a_{nn} \end{vmatrix} \qquad (A.3)$$

schreiben. Bei linearen Maschennetzen stellt diese Koeffizienten-Determinante daher auch die Widerstands- oder die Leitwertmatrix dar.

Die **Cramersche Regel** besagt, dass man die Unbekannte

$$x_i = D_i / D \qquad (A.4)$$

erhält, wenn man in der Koeffizienten-Determinante die i-te Spalte durch die rechte Seite b_1 bis b_n, d.i. der **Spaltenvektor** der rechten Seite, ersetzt, also die Determinante

$$D_1 = \begin{vmatrix} a_{11} & a_{12} & \cdots & b_1 & \cdots & a_{1n} \\ a_{21} & a_{22} & \cdots & b_2 & \cdots & a_{1n} \\ \vdots & \vdots & & \vdots & & \vdots \\ a_{n1} & a_{n2} & \cdots & b_n & \cdots & a_{nn} \end{vmatrix} \qquad (A.5)$$

bildet und sie durch die Koeffizienten-Determinante D dividiert. Wenn die Koeffizienten-Determinante D = 0 wird, bedeutet dies, dass die vorgegebenen Gleichungen nicht unabhängig voneinander sind, also noch weitere Bestimmungsgleichungen gesucht werden müssen.

Der Wert einer zweireihigen Determinante ist hierbei allgemein

$$D = \begin{vmatrix} a_{11} & a_{12} \\ a_{21} & a_{22} \end{vmatrix} = a_{11}a_{22} - a_{12}a_{21} \qquad (A.6)$$

Den Wert einer dreireihigen Determinante findet man mit der **Regel von Sarrus**

$$D = \begin{vmatrix} a_{11} & a_{12} & a_{13} \\ a_{21} & a_{22} & a_{23} \\ a_{31} & a_{32} & a_{33} \end{vmatrix} \begin{matrix} a_{11} & a_{12} \\ a_{21} & a_{22} \\ a_{31} & a_{32} \end{matrix} \tag{A.7}$$

$$= a_{11}a_{22}a_{33} + a_{12}a_{23}a_{31} + a_{13}a_{21}a_{32} -$$
$$- a_{31}a_{22}a_{13} - a_{32}a_{23}a_{11} - a_{33}a_{21}a_{12}$$

Man setzt also zweckmäßig die 1. und 2. Spalte nochmals rechts neben die Determinante, bildet in Richtung der Pfeile 6 Produkte aus je 3 Faktoren und addiert diese Produkte unter beachtung der angegebenen Vorzeichen.

Der einer mehrreihigen Determinante stellt die Summe der Produkte aus den Elementen einer belieben Reihe und den zugehörigen Unterdeterminanten dar. Die Unterdeterminante A_{ik} des Elements a_{ik} einer Determinante entsteht, wenn in der ursprünglichen Determinante die i-te Zeile und die k-te Spalte fortgelassen und die so reduzierte Determinante mit $(-1)^{i+k}$ multipliziert wird. Die dreizeilige Determinante in Gl. A.7 hat beispielsweise mit Gl. A.6 die Unterdeterminante

$$A_{21} = (-1)^{2+1} \begin{vmatrix} a_{11} & a_{12} & a_{13} \\ a_{21} & a_{22} & a_{23} \\ a_{31} & a_{32} & a_{33} \end{vmatrix} = \tag{A.8}$$

$$\begin{matrix} a_{11} & a_{12} & a_{13} \\ \overline{a_{21}} & \overline{a_{22}} & \overline{a_{23}} \\ a_{31} & a_{32} & a_{33} \end{matrix}$$

$$= - \begin{vmatrix} a_{12} & a_{13} \\ a_{32} & a_{33} \end{vmatrix}$$

$$= -a_{12}a_{33} + a_{13}a_{32}$$

Einer Entwicklung nach Unterdeterminanten geht eine Reduzierung von Zeilen und Spalten voraus. Wären z. B. in Gl. A.8 die Koeffizienten a_{11} und a_{31} oder a_{22} und a_{23} Null, so würden die Produkte dieser Elemente mit den zugehörigen Unterdeterminanten ebenfalls verschwinden und wir hätten in diesem Fall den Wert der Determinanten $D = a_{21}A_{21}$ sehr einfach gefunden.

Bei der **Reduzierung** einer Determinante werden insbesondere zwei Sätze angewandt:

a) Eine Determinante wird mit einem Faktor k multipliziert, indem alle Elemente
   einer beliebigen Reihe (Spalte) mit diesem Faktor multipliziert werden. Analo-
   ges gilt für das Herausziehen eines Faktors.

$$k \begin{vmatrix} a_{11} & a_{12} \\ a_{21} & a_{22} \end{vmatrix} = \begin{vmatrix} ka_{11} & a_{12} \\ ka_{21} & a_{22} \end{vmatrix} = \begin{vmatrix} ka_{11} & ka_{12} \\ a_{21} & a_{22} \end{vmatrix} \tag{A.9}$$

b) Der Wert einer Determinante bleibt erhalten, wenn zu einer Reihe oder Spalte
   ein Vielfaches einer anderen Reihe oder Spalte addiert (bzw. von ihr subtrahiert)
   wird.

$$\begin{aligned} \begin{vmatrix} a_{11} & a_{12} \\ a_{21} & a_{22} \end{vmatrix} &= \begin{vmatrix} a_{11} + ka_{21} & a_{12} + ka_{22} \\ a_{21} & a_{22} \end{vmatrix} \\ &= \begin{vmatrix} a_{11} + ka_{12} & a_{12} \\ a_{21} + ka_{22} & a_{22} \end{vmatrix} \end{aligned} \tag{A.10}$$

Durch mehrfaches Anwenden dieser beiden Sätze kann man alle Elemente einer
Reihe oder Spalte bis auf ein Element zu Null machen. Bei der Entwicklung nach
dieser Reihe bzw. Spalte bleibt dann nur ein Produkt übrig. Will man eine Zeile
reduzieren, sollte man Spalten addieren und umgekehrt.

Wir üben dieses Verfahren mit dem folgenden Beispiel. Weitere Anwendungen
findet man in den Beispielen 40.

Beispiel 116   Das Gleichungssystem

$$\begin{aligned} x_1 & & -2x_2 & & -x_3 & & +x_4 & = 0 \\ 3x_1 & & +4x_2 & & -5x_3 & & +2x_4 & = 6 \\ 20x_1 & & +5x_2 & & +20x_3 & & -10x_4 & = 30 \\ -x_1 & & -10x_2 & & +3x_3 & & +5x_4 & = 5 \end{aligned}$$

ist vorgegeben. Es soll die Unbekannte x_3 berechnet werden. Wir schreiben
zunächst das Gleichungssystem als Matrix

$$\begin{bmatrix} 1 & -2 & -1 & 1 \\ 3 & 4 & -5 & 2 \\ 20 & 5 & 20 & 10 \\ -1 & -10 & 3 & 5 \end{bmatrix} \cdot \begin{bmatrix} x_1 \\ x_2 \\ x_3 \\ x_4 \end{bmatrix} = \begin{bmatrix} 0 \\ 6 \\ 30 \\ 5 \end{bmatrix}$$

Zunächst müssen wir also den Wert der Koeffizienten-Determinante

$$D = \begin{vmatrix} 1 & -2 & -1 & 1 \\ 3 & 4 & -5 & 2 \\ 20 & 5 & 20 & 10 \\ -1 & -10 & 3 & 5 \end{vmatrix}$$

bestimmen. Aus der 3. Zeile ziehen wir den Faktor 5 heraus

$$D = 5 \begin{vmatrix} 1 & -2 & -1 & 1 \\ 3 & 4 & -5 & 2 \\ 4 & 1 & 4 & 2 \\ -1 & -10 & 3 & 5 \end{vmatrix}$$

und reduzieren nun die 1. Zeile nach der 4. Spalte, indem wir von der 1. Spalte wie angegeben die 4. Spalte subtrahieren, zur 2. Spalte den zweifachen Wert der 4. und zur 3. Spalte die 4. Spalte addieren

$$D = 5 \begin{vmatrix} 0 & 0 & 0 & 1 \\ 1 & 8 & -3 & 2 \\ 2 & 5 & 6 & 2 \\ -6 & 0 & 8 & 5 \end{vmatrix}$$

$$-Sp.4 \qquad + Sp.4$$
$$+2.Sp.4$$

Wir können jetzt nach der 1. Zeile und 4. Spalte entwickeln, wobei für das Vorzeichen $(-1)^{1+4} = -1$ gilt. Auf diese Weise finden wir eine dreireihige Determinante, deren Wert mit der Regel von Sarrus bestimmt wird.

$$D - 5 = \begin{vmatrix} 1 & 8 & -3 \\ 2 & 5 & 6 \\ -6 & 0 & 8 \end{vmatrix} \begin{matrix} 1 & 8 \\ 2 & 5 \\ -6 & 0 \end{matrix}$$

$$= -5(1 \cdot 5 \cdot 8 - 8 \cdot 6 \cdot 6 - 6 \cdot 5 \cdot 3 - 8 \cdot 2 \cdot 8) = 2330$$

Wir bilden nun in ähnlicher Weise den Wert der Zähler-Determinante

$$D_3 = \begin{vmatrix} 1 & -2 & 0 & 1 \\ 3 & 4 & 6 & 2 \\ 20 & 5 & 30 & 10 \\ -1 & -10 & 5 & 5 \end{vmatrix}$$

$$= 5 \begin{vmatrix} 1 & -2 & 0 & 1 \\ 3 & 4 & 6 & 2 \\ 20 & 5 & 30 & 10 \\ -1 & -10 & 5 & 1 \end{vmatrix}$$

$$= 5 \begin{vmatrix} 1 & 0 & 0 & 0 \\ 3 & 10 & 6 & -1 \\ 4 & 9 & 6 & -2 \\ -1 & -12 & 5 & 2 \end{vmatrix}$$

$$= 5 \begin{vmatrix} 10 & 6 & -1 \\ 9 & 6 & -2 \\ -12 & 5 & 2 \end{vmatrix} \begin{array}{ccc} 10 & 6 \\ 9 & 6 \\ -12 & 5 \end{array}$$

$$= 5(10 \cdot 6 \cdot 2 + 6 \cdot 2 \cdot 12 - 1 \cdot 9 \cdot 5 - 12 \cdot 6 \cdot 1 + 5 \cdot 2 \cdot 10 - 2 \cdot 9 \cdot 6)$$
$$= 695$$

und finden daher die Unbekannte

$$x_3 = D_3/D = 2230/695 = 3{,}353$$

Lösungen zu den Übungsaufgaben

Zu Beispiel 5 U = 50 V
Zu Beispiel 6 Der Strom hat eine der Spannung u in Abb. 1.5 analoge Kurvenform mit dem Scheitelwert $i_m = 3$ A.
Zu Beispiel 7 A = 286 mm^2 (genormt sind 300 mm^2)

Zu Beispiel 8 Der Querschnitt muss zwar im Verhältnis $A_{Al}/A_{Cu} = 1,6$ vergrößert werden; trotzdem gilt für das Verhältnis der Massen $m_{Al}/m_{Cu} = 0,483$.

Zu Beispiel 9 l = 26,4 m

Zu Beispiel 10 I = 128,8 A

Zu Beispiel 11 $\vartheta_{\ddot{u}}$ = 83,5 K

Zu Beispiel 12 Ja, denn es fließt Strom I = 8,7 A.

Zu Beispiel 13 η = 0,785

Zu Beispiel 14 U = 70,8 V

Zu Beispiel 15 Quadratisch mit der Spannung auf das 1,21-fache.

Zu Beispiel 16 Auf 63,4 %

Zu Beispiel 17 W = 22,9 GWh

Zu Beispiel 18 P = 60 kW

Zu Beispiel 19 η = 0,837

Zu Beispiel 20 M = 81,8 Nm, K = 9,60 DM

Zu Beispiel 21 I = 4,55 A, R = 48,4 Ω, W = 143 kcal = 0,6 MWs = 0,167 kWh, $\vartheta_{\ddot{u}}$ = 71,5 K, t' = 13,9 min

Zu Beispiel 25 I = 12 A

Zu Beispiel 26 Der Widerstand R_2 = 860 Ω muss parallelgeschaltet werden.

Zu Beispiel 27 R_{ab} = 2 Ω

Zu Beispiel 28 Wenn man beachtet, dass einer der drei Widerstände R_2 stromlos bleibt, findet man leicht P = 0,5 W.

Zu Beispiel 29 961,81 W, 480,9 W

Zu Beispiel 30 I_1 = 4,885 A, I_2 = 2,615 A, U = 146,4 V

Zu Beispiel 31

$$\text{Abb. 1.16a: } R = \frac{U_V}{I} - R_A$$

$$\text{Abb. 1.16b: } R = \frac{U}{I_A - (U/R_V)} = \frac{1}{(I_A/U) - R_V}$$

Die stromrichtige Schaltung ist daher zu bevorzugen, wenn $R_A << R$ ist, die spannungsrichtige dagegen, wenn $R_V >> R$ ist.

Zu Beispiel 32 a) F = $-10,33$ %   b) F = $-5,15$ %

Zu Beispiel 33 Wenn man berücksichtigt, dass wegen der Symmetrie die Widerstände R_3 keinen Strom führen, findet man leicht die Leistung P = 133 W.

Zu Beispiel 34 R_{VW} = 8,9 Ω, U_w = 12,17 V, F = $-1,44$ %

Zu Beispiel 35 U_a = 41,81 V, P_a = 279,13 W

Zu Beispiel 36 U_3 = 50 V, R_3 = 1,09 kΩ

Zu Beispiel 37 U = 44 V

Zu Beispiel 41 $I_1 = 4$ A, $I_2 = 6$ A
Zu Beispiel 42

a) $I_1 = 1,2$ A, $I_2 = 10,8$ A, $I_3 = I_4 = 8,2$ A,
b) $U_q = 360$ V

Zu Beispiel 43 $I_c = 40$ A, $I_1 = 1,33$ A, $I_2 = 22,67$ A, $I_3 = 17,33$ A
Zu Beispiel 44 $I_1 = 3$ A, $I_2 = 13$ A, $I_3 = 18$, $I_4 = 3$ A
Zu Beispiel 45 $I_1 = 5$ A, $I_2 = 2$ A, $I_3 = 10$, $I_4 = 15$ A, $I_5 = 3$ A, $I_6 = 12$ A
Zu Beispiel 46 $I_1 = 137,7$ mA, $I_2 = 186,2$ mA, $I_3 = 216,2$ mA, $I_4 = -48,6$ mA, $I_5 = 167,5$ mA
Zu Beispiel 47 $I_1 = 8,95$ A, $I_2 = 6,05$ A, $R_3 = 6,39$ Ω
Zu Beispiel 48 $I_1 = I_3 = I_4 = -1,25$ A, $I_2 = 3,75$ A, $I_5 = -I_6 = 2,5$ A
Zu Beispiel 49 Wenn man erkannt hat, dass sich die Ströme in den Widerständen R_2 wegen der Symmetrie zu Null kompensieren, kann man sofort den Strom $I_1 = U_q/R_1 = 0,23$ A berechnen.
Zu Beispiel 58 $U_4 = 133,6$ V
Zu Beispiel 59 I = 5 A
Zu Beispiel 60 $U_2 = 92,3$ V
Zu Beispiel 65 $P_4 = 215$ W
Zu Beispiel 66 $P_1 = 9,7$ W, $P_2 = 3,44$ W
zu Beispiel 67 $I_5 = 60$ mA
Zu Beispiel 68 $I_4 = 6,25$ mA
Zu Beispiel 69 $I_1 = 22,7$ A, $I_2 = -1,33$ A, $I_3 = 17,33$ A
Zu Beispiel 70 $U_q = 360$ V
Zu Beispiel 80 Mit der Spannungsteilerregel findet man

$$U_{al} = U_{qE} = U_q \frac{R_2}{R_1 + R_2 + R_i}$$

sodass für die Verbraucherspannung gilt

$$U_a = U_{qE} - R_{iE} I_a = U_q \frac{R_2 R_a}{R_2(R_1 + R_i) + R_a(R_1 + R_2 + R_i)}$$

Zu Beispiel 81 Man erkennt sofort, dass die Schaltung in Abb. 2.41 durch eine Ersatz-Spannungsquelle mit der Ersatz-Quellenspannung $U_{qE} = U_{ql} = 50$ V und dem Ersatz-Innenwiderstand $R_{iE} = R_2 = 100$ Ω ersetzt werden darf. Bei der

Spannungsmessung darf an R_{iE} höchstens der Spannungsabfall $U_{iE} = 0,01\ U_{q2}$ $= 0,01 \cdot 50\ V = 0,5\ V$ auftreten. Daher gilt für den Widerstand des Spannungsmessers

$$R_V = R_{iE}\frac{U_{ql} - U_{iE}}{U_{iE}} = 100\ \Omega\frac{50\ V - 0,5\ V}{0,5\ V} = 9900\ \Omega$$

Zu Beispiel 82 Durch Anwendung des Überlagerungsgesetzes findet man $U_{qE} =$ 86,42 V. Mit $R_{iE} = 11{,}58\ \Omega$ erhält man $I_{qE} = 7{,}45$ A.

Zu Beispiel 83 Man findet für die Ersatz-Spannungsquelle $U_{qE} = 7$ V und R_{iE} $= 1{,}67\ k\Omega$ und kann hiermit schließlich den Storm I_a ermitteln und in Abb. A.1 darstellen.

Zu Beispiel 84 Man bestimmt zweckmäßig zunächst die Größen der Ersatz-Spannungsquelle, erhält für sie $U_{qE} = 90$ V und $R_{iE} = 7{,}5\ \Omega$ übertragen.

Zu Beispiel 85 Am einfachsten finden wir die Lösung durch Anwendung er Ersatz-Spannungsquelle, für die $U_{qE} = 200$ V und $R_{iE} = 8{,}33\ \Omega$ sind. Die Funktion $U_5 = f(R_5)$ ist in Abb. A.2 dargestellt.

Zu Beispiel 86 Am schnellsten findet man die Lösung durch Anwendung der Schnittmethode, indem man z. B. die Schaltung bei R_3 auftrennt, die an der Trennstelle wirkende Spannung $U_{T3} = 176$ V berechnet und diese unter Annahme von drei idealen Stromquellen auf die Widerstandsmasche wirken lässt.

Abb. A.1 Stromfunktion $I_a = f(R_a)$ für Beispiel 83

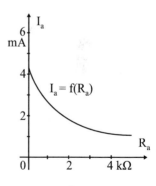

Abb. A.2 Spannungsfunktion $U_5 = f(R_5)$ zu Beispiel 85

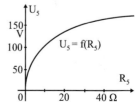

Abb. A.3 Überlagerung der
Teilströme (**a** bis **c**) zu den
fließenden Strömen (**d**) bei
Beispiel 86

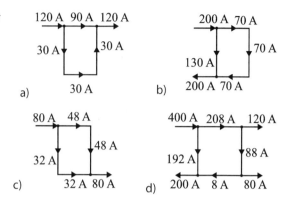

Die Teilströme erhält man auch nach dem Überlagerungsverfahren mit dem in Abb. A.3 dargestellten Schema, wenn man die abfließenden Ströme mit der Stromteilerregel aufteilt.

Zu Beispiel 87 Wir formen zunächst das Netzwerk von Abb. 2.47 um in die Schaltung von Abb. A.4. Die Umwandlung der Dreieckschaltung R_1, R_2, R_3 in eine Sternschaltung führt zu den Widerständen $R_6 = 0,934\ \Omega$, $R_2 = 11,2\ \Omega$ und $R_8 = 5,6\ \Omega$. Anschließend wendet man die Ersatz-Spannungsquelle an, für die man den Ersatz-Innenwiderstand $R_{iE} = 18\ \Omega$ findet. Die Ersatz-Quellenspannung $U_{qE} = 50,4$ V erhält man z. B. durch Berechnung des Gesamtstroms und der Spannung am Widerstand R_4 für $R_a = \infty$. Schließlich ergeben sich die Ströme $I_a = 2,8$ A für $R_a = 0$, $I_a = 1,8$ A für $R_a = 10\ \Omega$ und $I_a = 0,74$ A für $R_a = 50\ \Omega$.

Zu Beispiel 88 Die Leerlaufspannung $U_{abl} = 84,72$ V findet man am einfachsten durch Anwendung des Überlagerungsgesetzes. Mit dem Ersatz-Innenwiderstand

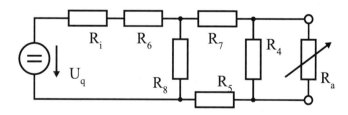

Abb. A.4 Umgeformtes Netzwerk

$R_{iE} = 2,743 \ \Omega$ und $U_{qE} = U_{abl}$ ergibt sich auch der Kurzschlussstrom $I_{abk} = 30,9$ A.

Zu Beispiel 89 Durch Anwendung des Überlagungsgesetzes erhält man $I_1 = 1,77$ A und $I_2 = 0,112$ A.

Zu Beispiel 90 Es empfiehlt sich die Anwendung der Schnittmethode, wobei die Spannung an der Schnittstelle im Zweig 5 mit dem Überlagerungsverfahren bestimmt werden kann. Auf diese Weise findet man $I_5 = 0,862$ A.

Zu Beispiel 91 Wenn man hier die Ersatzspannungsquelle anwendet, findet man die Leerlaufspannung

$$U_{2l} = U_{qE} = U_1 \frac{R_2}{R_1 + R_2} - U_1 \frac{R_1}{R_1 + R_2} = U_1 \frac{R_2 - R_1}{R_1 + R_2}$$

und den Ersatz-Innenwiderstand

$$R_{iE} = \frac{2 \ R_1 R_2}{R_1 + R_2}$$

bzw. nach Abschn. 2.1.3 die optimal übertragbare Leistung

$$P_{amax} = \frac{U_{qE}^2}{4 \ R_{iE}} = U_2^2 \frac{(R_2 - R_1)^2}{8 \ R_1 R_2 (R_1 + R_2)} = 121 \ W$$

Zu Beispiel 92 Abb. A.5
Zu Beispiel 102 $I_1 = 1,062$ A
Zu Beispiel 103 $I_5 = 13,3$ A
Zu Beispiel 104 $I_4 = -2,18$ A, $I_5 = -2,65$ A
Zu Beispiel 105 Man wandelt zweckmäßig die Spannungsquelle in eine Stromquelle um und wendet dann das Knotenpunktpotential-Verfahren an, wobei die Widerstände R_1 und R_2 unwirksam bleiben. So findet man den Strom $I_5 = 1,67$ A.
Zu Beispiel 106 Jetzt fließt am Knotenpunkt a der Strom $I_{q2} = 120$ A der unteren Masche zu und am Knotenpunkt b wieder ab. Das Überlagerungsgesetz oder die Schnittmethode liefert den Strom $I_5 = -5,846$ A.
Zu Beispiel 107 Die neue Schaltung entspricht der Schaltung in Abb. 1.24, und es kann mit Gl. 1.28 unmittelbar der Strom $I_5 = -5,846$ A.
Zu Beispiel 108 Auch diese Schaltung entspricht der Schaltung in Abb. 1.24, wobei der Strom $I_5 = -1,509$ A mit der Stromteilerregel über Gl. 1.26 bestimmt werden kann.
Zu Beispiel 109 Der erforderliche Widerstand $R_6 = R_{iE} = R_{ab} = U_{qE}/I_{qE} = 5,692 \ \Omega$ zwischen den Klemmen a und b kann z. B. über eine Dreieck-Stern-

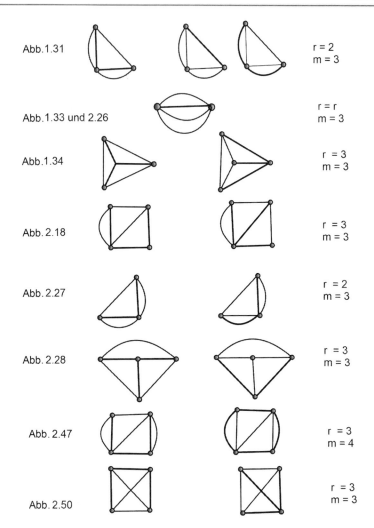

Abb.1.31   r = 2, m = 3

Abb.1.33 und 2.26   r = r, m = 3

Abb.1.34   r = 3, m = 3

Abb.2.18   r = 3, m = 3

Abb.2.27   r = 2, m = 3

Abb.2.28   r = 3, m = 3

Abb.2.47   r = 3, m = 4

Abb.2.50   r = 3, m = 3

Abb. A.5 Einige mögliche Graphen

Umwandlung oder aus den Werten der Ersatz-Spannungsquelle U_{qE} und I_{qE} bestimmt werden.

Zu Beispiel 110 Es ist nötig, die Schaltung in Abb. 2.59 bezüglich der Klemmen a und b in eine Ersatzquelle mit der Quellenspannung $U_{qE} = 103{,}2$ V umzuwandeln. Man findet diese Quellenspannung U_{qE} entweder mit dem Überlagerungsverfahren oder formt die Stromquellen in Spannungsquellen um und findet mit Gl. 2.14 $R_5 = R_{ab} = 4{,}737\ \Omega$ und mit Gl. 2.11 $P_{5max} = U_{qE}^2/(4\ R_5) = 562{,}1\ W$.

Stichwortverzeichnis

Printed in the United States
by Baker & Taylor Publisher Services